9 生态环境

科普通鉴

丛 书 主 编　李建中
丛书副主编　谈朗玉　李大东　张令朝
本 卷 主 编　孟庆香

KEPU TONGJIAN
SHENGTAI HUANJING

中国科学技术出版社
河南科学技术出版社

图书在版编目（CIP）数据

生态环境 / 孟庆香主编 . —郑州：河南科学技术出版社，2013. 10
（科普通鉴/李建中主编）
ISBN 978 - 7 - 5349 - 6596 - 8

Ⅰ. ①生…　Ⅱ. ①孟…　Ⅲ. ①生态环境 - 普及读物　Ⅳ. ①X171. 1 - 49

中国版本图书馆 CIP 数据核字（2013）第 227528 号

出版发行：中国科学技术出版社
地址：北京市海淀区中关村南大街 16 号　邮编：100081
电话：（010）62106522
网址：www. cspbooks. com. cn
河南科学技术出版社
地址：郑州市经五路 66 号　邮编：450002
电话：（0371）65737028
网址：www. hnstp. cn
策划编辑：李喜婷　冯　英
统筹编辑：尚伟民　蒋云鹏　徐　涛
责任编辑：孙春会
责任校对：耿宝文
封面设计：赵　钧
版式设计：赵玉霞
责任印制：朱　飞
印　　刷：郑州金秋彩色印务有限公司
经　　销：全国新华书店
幅面尺寸：185 mm × 260 mm　印张：10. 5　字数：175 千字　彩插：8
版　　次：2013 年 10 月第 1 版　2013 年 10 月第 1 次印刷
定　　价：32. 00 元

《科普通鉴》丛书

主　编　李建中

副主编　谈朗玉　李大东　张令朝

序

科技是人类智慧的伟大结晶，创新是文明进步的不竭动力。

回首文明历程，是科技之光涤荡了人类历史上蒙昧的阴霾，是科技之火点燃了人类心灵里求知的火焰，是科技之灯照亮了人类发展中光辉的前程。科学技术的每一次重大突破，每一项发明创造的诞生，都使人类对客观世界的认识发生质的飞跃，都使人类改造世界的能力得到革命性的提升。18世纪后的几百年，是科学技术突飞猛进的历史时期。数学、物理、化学、天文学、地学和生物学等各个领域的研究均取得了空前成就，并引发了一次又一次重大理论革命，其中，最具划时代意义的莫过于牛顿力学、相对论和量子力学的创立。与此同时，深刻改变人类生存状态和生产、生活方式的发明创造也纷纷问世。在不计其数的发明、发现中，蒸汽机、电话、火车、汽车、医用X光片、青霉素、DNA双螺旋结构、火箭、阿波罗10号太空舱、计算机等无疑是改变世界的重大发明、发现与创造。

放眼新的世纪，科技已经成为推动经济社会快速发展的主导力量和创造社会财富的主要源泉，成为国家间、区域间竞争的核心和推动未来发展的决定性力量。为了在竞争中取得优势地位，各国、各地区，特别是发达国家及地区都高度重视科技创新和发展。在此背景下，全球创新浪潮此起彼伏，科技发展日新月异，创新成果大量涌现。人类基因组序列图完成、细胞重新编程技术、人类最早祖先确定、宇宙存在暗物质的猜想被证实、干细胞研究的新进展、纳米技术研究的新突破、欧洲强子对撞机启动、人类探测器创最远纪录和七大数学难题之一——庞加莱猜想被证明等被认为是近十年来取得的最具科学价值，并可能对人类生存与发展产生重大影响的重大科技成就。

在人类文明的历史长河中，科学技术虽然得到了空前发展，取得了辉煌成就，但在前进的道路上依然有无数难题等待我们去破解，众多未知世界等待我们去认识。随着人口数量的急剧增加，自然资源的逐渐枯竭和生态环境的日益恶化，人类正面临前所未有的生存挑战和危机。毫无疑问，应对挑战、解决危机，只有依靠科技的不断创新与发展。在可以预见的未来，为了拓展生存空间，提高生存质量，必将掀起一场以信息科技革命为先导、新材料科技为基础、生命科技为核心、新能源科技为动力、海洋科技和航天科技为内拓和外延的新的科技创新浪潮。伴随新一轮科技创新浪潮的到来，新的发明创造也必将与日俱增。有科学家预言，未来百年，人体器官克隆再造、灭绝动物复活、战胜癌症、建造星际飞船和太空电梯等梦想可能变为现实。

当前，亿万中华儿女正在为实现中华民族伟大复兴的“中国梦”而努力奋斗。实现这一百年梦想，关键在于弘扬创新精神，增强创新能力，加快创新步伐，让科技之花在创新中萌芽，在创新中成长，在创新中绽放。

发达国家的经验昭示我们，加快科技创新，提高科技水平，既要依靠科技精英们的刻苦攻关，发明创造，也有赖于公民科学素质的普遍提高。有调查显示，我国公民的科学素质水平较发达国家差距甚大，与走中国特色的自主创新之路、建设创新型国家的要求相去甚远。为尽快提升我国公民的科学素质水平，从2006年起我国启动了旨在推动公民科学素质建设的全民科学素质行动计划，希望到2020年，公民科学素质在整体上有大幅度提高，达到世界主要发达国家21世纪初的水平。

科普图书是展示科学技术的重要窗口，是普及科技知识的重要载体，也是传播科技文明的重要途径。国内外都十分重视科普图书的创作出版。在琳琅满目的科普图书作品中，不乏影响深远的精品力作。这些作品为传播科技文明、普及科学知识做出了历史性贡献。时代在进步，科技在发展。紧跟时代步伐，把握科技动态，繁荣科普创作，不断创作出版符合时代特点、反映当代科技发展水平的科普图书精品，不仅是加强公民科学素质建设，提升公民科学素质的迫切要求，也是科技界有识之士的共同心声。

科学技术协会是新中国科普事业的主要开创者和推动者。在开展公民科学素质建设，提高公民科学素质水平的历史进程中，肩负着重要责任和神圣使命。我们组织编写的这部《科普通鉴》丛书既是履行"责任"和"使命"，也是对科技界有识之士呼声的积极响应。

20世纪中叶以来，科学技术进入了多科交叉、互为渗透、综合发展的历史时期，形成了学科林立、知识纷繁的新格局。面对浩如烟海的科学世界，如何确定这部书的编写原则和选题范围是应当首先解决的问题。经与有关专家学者反复研究论证，我们确定了"通览科技文明，鉴取创新精粹"的编写原则，并确定从理、工、农、医和高新科技五大领域中选取26个公众关注度较高的热点选题，按26卷组织编写这部丛书。

面向具有中等以上文化程度的青少年、农民、城镇劳动者、城市社区居民、领导干部和公务员等重点人群，弘扬科学精神，传播科学思想，倡导科学方法，普及科学知识是编写本书的出发点和根本目的。考虑到读者对象年龄、职业、身份的多样性和对知识需求的差异性，本书着重介绍具有基础性、通用性、新颖性和前瞻性的知识，读者可以根据自己的需求或兴趣进行阅读；在阐述方法上尽可能做到重点突出，脉络清晰，尽可能融入人文精神，体现人文情怀，避免科技知识的简单介绍和罗列；在语言风格上力求文笔流畅，深入浅出，生动活泼，雅俗共赏，以达引人入胜的效果。

选择高水平的主编是编好这部丛书的关键。为此，我们发挥科学技术协会学会众多，学科齐全，人才荟萃，联系广泛的优势，面向省内外征集各卷主编候选人。最后经全面比较，优中选优，确定了各卷主编人选，为本书的编写出版奠定了坚实基础。在此我们谨向为本书主编遴选、编写、出版给予大力支持的河南省医学会、气象学会、农学会、地理学会、地震学会、地质学会、机械工程学会、反邪教协会和省气象局、郑州大学、河南大学、河南农业大学、河南工业大学、河南科技大学、河南中医学院、河南科技学院、河南轻工业学院、《太空探索》杂志社、河南科技报社、河南科技活动中心、中国科学技术出版社、河南科学技术出版社等学（协）会和单位表示诚挚的感谢！

作为一部多达26卷的大型科普丛书，其涉及领域广，学科多。在内容上为了尽可能避免交叉重复或矛盾冲突，在体例和语言风格上为了尽可能保持相对统一，我们制订了较为详细的编写方案，对各卷的内容范围和全书的体例风格做了必要界定和规范。但是，由于我们学识水平有限，统筹协调不够，编写时间仓促，加之一些担任主编的同志是首次承担科普类作品的编写任务，缺乏相应经验，所以，虽然付出了大量心血，个别卷仍然存在内容取舍不够得当，语言风格不够生动活泼等问题。这些缺憾，我们将在再版重印时加以修订改进。诚恳希望广大读者对本丛书的修订改进提出宝贵意见和建议，以便再版时提高质量。

河南省科学技术协会主席、党组书记　李建中

2013年6月

目 录

引　言

地球是我们共同的家园。经过四十亿年的漫长演变，地球变成一个物种繁多、资源丰富、奇特美丽的蓝色星球，为人类的繁衍生息创造了适宜的环境。在漫长的历史岁月中，人类生于斯，长于斯，繁衍于斯，建设着美好家园。

在记忆中，我们的家园是这样的：春天是一派生机勃勃的景象，春雨润物，万物复苏，莺飞草长，细水流长，一切都在希望的田野上；夏天是满眼的枝繁叶茂，像披着一身绿装的活泼而美丽的姑娘，时而风雨，时而艳阳，满眼的浓绿撒满人间天堂；秋天是一派丰收的喜悦和景象，十里桂花漫天飘香，金色落叶满地作响，到处洋溢着丰收的喜悦，满载人们的希望；冬天是一个银装素裹的童话天堂，千里冰封，万里雪飘，山舞银蛇，原驰蜡象，一片洁净与空灵。大家享受着春夏秋冬的四季美景，感受着生态环境之美带来的愉悦。

可是，在享受着自然美景、资源宝库的同时，人类却一刻不停地破坏着身边的环境，在建设家园的过程中不断伤害我们的地球母亲，只用短短上百年的时间，便将地球的宝贵资源消耗殆尽。珍稀物种灭绝、资源奇缺、污染日益严重等，频繁上演。人类正以“控制者”和“毁灭者”的身份，破坏着地球这颗独有的、瑰丽的生命星球。时至今日，蓝天白云、高山流水、千里沃壤、鸟语花香、莺飞草长渐渐离我们远去，人们看到更多的是全球变暖、水资源短缺、水土流失、物种入侵、生物多样性减少、“三废”污染、农药污染与城市病等生态环境问题，肆虐的雾霾、裸露的土地、漫天的沙尘、恶臭的河水更让大家感到环境之殇……

保护生态环境，建设美好家园已成为一个沉重的话题。每个人都应该做地球这艘宇宙飞船的合格乘客，和地球这叶扁舟同舟共济，从我做起，从一点一滴的小事做起，保护生态环境，爱护地球家园，打响保卫地球的战争，让地球因为你我的存在而精彩。

1　承载生命的星球

地球——生养我们的母亲，以她无私的奉献，供养着地球上的万物，生生不息。

地球是在可探明的太空中唯一存在生命、唯一适宜人类生存的星球。她生养着万物，滋养着人类文明，为我们构筑出五彩缤纷的自然生态环境。可是我们常说的自然环境、生态系统到底是一个怎样的形象？它们到底是由哪几部分构成，各部分的分工和它们之间的联系、相互作用又是怎样的呢？本章对我们生活的自然生态环境进行了初步解析，期望帮助读者打开认识神奇自然生态的奇幻大门！

图1－1　地球——生命之家

1.1 亲爱的地球，你是多么重要

1.1.1 独有的生命星球

放眼太空，在我们所能探明的宇宙中，独有地球生机勃勃。这是多么的神奇！在无垠的宇宙中，与太阳类似的恒星有千千万，但却是在最恰当的距离，在最合适的自转和公转速度下，存在着这样一个拥有大气呵护和生命源泉的星球，具备了承载生命的最优条件。古老的地球在经历了漫长的46亿年，才逐渐形成了现在非比寻常、美丽动人的模样：蔚蓝的天空，变幻的气候，无边的海洋，叮咚的溪流，多彩的地貌，繁茂的植被，可爱的动物，智慧的人类……

然而，自从有了人类，地球发生了翻天覆地的变化：最初，人类作为地球生命的组成部分，向环境索取资源；“刀耕火种”时代，人类为了生存和发展而毁林开荒、破坏环境；产业革命时期，人类学会使用机器以后，生产力虽大大提高，但大规模地用机器代替人力的行为，对环境的不良影响与日俱增；20世纪，人类利用、改造环境的能力空前提高，规模逐渐扩大，创造了巨大物质财富的同时，大气严重污染、水资源空前短缺、森林日益毁坏、可耕地不断减少、大批物种濒临灭绝等环境问题激增，人类赖以生存的自然环境正在日益恶化……这些频发的环境问题和自然灾害无不是地球的挣扎和呐喊，一次次地向人类敲响警钟！从前改造自然、充满智慧的人类，正以“控制者”和“毁灭者”的身份，破坏着这颗独有的、瑰丽的生命星球……

图1-2 独有的生命星球

1.1.2 自然环境与文明

无论是追溯古代还是展望未来，人类文明都与自然环境休戚相关。纵观人类发展的历史可以发现，自然环境与人类文明之间存在着一荣俱荣、一损俱损的相互依赖关系。人类文明的兴起得益于自然环境的给予；而人类文明的没落，与自然环境的破坏紧密相关。

著名的科学史家贝尔纳认为，从人类文明发展的历史来看，人类破坏其赖以生存的自然环境的历史可能同人类文明史本身一样古老。从远古开始，人类就不断地在打破自然界的平衡，从而把世界改造成利于自己的模样。古埃及文明、巴比伦文明、古希腊文明、玛雅文明……这些古老的人类文明都是繁荣兴盛辉煌一段时间后毁灭了，或者埋藏在沙漠中，或者遗留于荒野……这一结果可能有多种原因，但根本原因是由于农业文明中人类破坏森林、滥用土地而导致沃土变得荒凉后失去生命支持能力的生态灾难。一些学者认为，“文明之所以会在它的故乡衰落，主要是由于人们肆意糟蹋或者毁坏了帮助人类发展文明的环境”。我们可以通过地中海文明和苏美尔文明的兴盛和衰落来证实这一点。

（1）地中海文明的兴衰

地中海文明包括黎巴嫩地区的腓尼基文明、古希腊文明和古罗马文明，以及北非和小亚细亚地区的文明，是人类文明历史中最辉煌和灿烂的部分之一。曾几何时，地中海文明地拥有肥沃的土壤、充足的降水、繁茂的植被。当地人很早就发现木材是一种很畅销的商品，木材贸易的红火使得当地林地迅速减少。随着森林面积的减少，环境被大规模破坏，自然灾害频频发生，地方病盛行，国力日衰。当侵略者来临时，当地人民已无力抵抗。随着国家的灭亡，盛极一时的地中海文明也随之消亡了……

（2）苏美尔文明的兴衰

公元前3500年，苏美尔人在两河（幼发拉底河和底格里斯河）流域创建了苏美尔文明，这是世界上最早的文明发源地之一。当时规模宏大的灌溉工程提高了土地的生产力，使为数众多的人从田间解放出来，去从事工业、贸易和文化工作，并由此开创了灿烂的苏美尔文明。

图1－3　衰落的地中海文明

由于两河流域的自然条件恶劣，降水量稀少，甚至整年无雨，高温导致土壤盐碱化严重，加上上游森林植被的破坏引发洪水，使土壤盐碱化加剧，土地生产力逐渐下降，到公元前1700年时，在这块土地上已经几乎种不了什么作物了。随着人口的增长，苏美尔人为了生存被迫开垦大量新的边缘土地，从而致使土壤盐碱化加剧，“大地变白了”（当时文字记载）。土地和作物种植状况的恶化，使得最初建立在优厚自然条件下的苏美尔文明濒于崩溃，并最终导致文明的衰落。在以后的历次朝代更替中，土地生产力都未能得以恢复，苏美尔地区沦为一个人口稀少的穷乡僻壤。

图1－4　衰败的巴比伦王国

1.2 解密环境与生态

一提到环境，你可能会想到大自然，像森林、高山、流水……可能会想到我们所居住的城市、乡村的环境，可能会想到我们平时工作和学习的地方，还有那些经济学家、政客、社会学家口中的“经济环境”“社会环境”“人类发展环境”，等等。到底什么是环境？环境都包括哪些组成部分？

1.2.1 还原本初的自然环境

以上所说的“环境”，它们都属于环境大家族中的一员。这也就说到了广义的“环境”和狭义的“环境”之分。广义的“环境”是相对于某一事物（中心事物）而说的，是指围绕这一中心事物并对该事物会产生某些影响的所有外界事物。可见，广义的环境是一个多么宽泛的概念！当然，你也会惊奇地发现，其实“环境”就在我们周围，“环境”处处可见。但在本书中，我们主要探秘狭义环境（自然环境、人文环境）里的自然环境，也就是我们人类自身生存与发展所依赖的各种自然要素的总和。它包括一定的地理位置、气候、地貌（地形、土壤）和各种自然资源，如森林、草原等。如果再说得专业一点，那么自然环境就是由我们常听到的四大圈层组成的，即大气圈、水圈、岩石圈（包括土壤）、生物圈。为何自然环境可以被这样形象地划分为四个圈层？下面我们就来简单地了解一下。

（1）大气圈——地球的霓裳

在地球表面包裹着一层厚厚的空气，这层空气就是大气层。从大气存在的地面一直到高空，就是我们所说的大气圈。这层大气既是地球母亲美丽的外衣，又是地球的保护屏障。为什么这么说呢？

从太空中观望地球，地球母亲被一条薄如白纱的丝巾围绕，显得异常神秘而美丽。当我们仰望天空，我们能看到绚丽多姿的云彩，能看到绮丽缤纷的彩虹，能看到被朝霞或夕阳所照耀的红、被雨水洗过的澄澈的蓝、被星星装点的深邃的黑……大气圈的运动使得天空中云卷云舒，变换着各种各样的色彩和姿态，这一切都蕴含着复杂多变的天气现象和多样的气候类型。

生命的生存首先要有适宜的温度，过冷、过热都不利于生命的生存，而大气层恰好是地球的温度调节器。白天，大气层是地球的“保护伞”，大气通过反射或吸收一部分太阳光，使地球表面在白天能够保持一定的适宜温度，不至于过热。夜晚，大气层又像一床厚厚的棉被，把从地面散失的热量保存住，使地面温度不至于下降得太快。这样，白天不至于过热，夜晚不至于太冷，大气层使得地球上的温度始终保持在一个相对稳定的、适合生物生存的水平。然而像没有大气层保护的月球，通常昼夜间的温度变化在 -183 ~ 127 ℃，这样的温度条件，试想，生命体如何存在呢?

这里，值得一提的是大气圈中的臭氧层，它位于地球表面 10 ~ 50 千米的上空。臭氧层能吸收 99% 以上的对地球有破坏作用的太阳紫外线，使得地球上的生物免受紫外线的侵害。此外，大气圈还有另外的一个保护作用，它能把来自太空的陨石在还没有落到地球表面之前，通过与其的摩擦，使之燃烧殆尽，免于陨石撞击地面对地球以及地球上的生命造成危害。大气还对来自太空的电磁波有良好的屏蔽作用，否则过量的电磁波也会危及人和其他生物的健康。

（2）水圈——生命之圈

水是生命的源泉，因为有了水，地球上的生物才可以繁衍生息。海洋面积占地球表面的 71%，如果把海洋中所有的水均匀地铺盖在地球表面，地球表面就会形成一个厚度约 2700 米的水圈。特别是从外太空俯瞰地球，地球上的大部分面积都被蓝色的海洋所覆盖，这俨然是一颗“水球”而非“地球”。

水圈是地球表面由各种形态的水所组成的一个连续而不规则的圈层，包括地表、地下及大气中的液态、固态和气态水。其中，大部分的液态水储存于海洋、河流、湖泊、水库、沼泽及土壤中，固态形式的水存在于极地的广大冰原、冰川、积雪和冻土中，气态水主要存在于大气中。水圈是地球四大圈层中最活跃的一个圈层，各种水体参加大小水循环，不断交换着水量和热量。它与大气圈、生物圈和地球内圈发生相互作用，同时也充当着塑造地球表面的重要角色。

人们常说，水是生命之源，可为何独有“水”能扮演着“生命之源”这样重要的角色呢？这是因为水是生命体的最重要组分，通常占据着一半以上的比例，有水才有生命。与此同时，水还有着另一个十分重要的作用——孕育文明。

世界上的四大文明古国，无不是依水而兴：美索不达米亚文明依着幼发拉底河和底格里斯河而兴盛，古埃及文明起源于尼罗河流域，古印度河孕育了古印度文明，而黄河和长江更是中国的母亲河。直至现代，依然没有任何其他物质能代替水在人类文明中的推动力。纽约、新加坡、中国的香港和上海……水为区域的发展提供了不竭动力。

（3）岩石圈——生命的摇篮

岩石圈，顾名思义，是我们脚下坚硬而厚实的岩石圈层，即由地壳向下，一直延伸到上地幔软流层的这一圈层。这里有我们熟悉的、眼睛可见的土壤和岩石，还有更大一部分是我们无法观测到的。但就是这层富饶而坚实的圈层，为生物的生存提供了必要的养分，为人类提供了能源和财富，为我们阻隔了来自地球内部的巨大热量，以及为地面上每一个生物的存在提供了驻足的坚实基础。试想一下，没有岩石圈，我们的食物从哪里来，我们岂不是要造空中楼阁、无立锥之地了呢？

组成岩石的有八大元素——氧、硅、铝、铁、钙、钠、钾和镁。它们通过各种各样的化学组成，形成形态各异、颜色各异的岩石。由于地壳的运动，如岩浆的喷发、岩层的褶皱和断层、大陆的漂移等作用力，形成了地球表面形态各异的地貌。欧亚板块、太平洋板块、美洲板块、非洲板块、印度洋板块、南极洲板块这六大板块的形成，与岩石圈的运动紧密相关。此外，岩石圈中还蕴藏着巨大的地球宝藏，岩石圈可谓是地球的“史书”。在这里，岩层和化石记录着地球变化的点点滴滴；在这里，埋藏着丰富的金属矿产和化石能源；在这里，璀璨的宝石在坚硬的岩层下熠熠生辉。岩石圈，它记录着历史，承载着生命，蕴藏着财富。

（4）生物圈——多彩的生命

生物圈是我们再熟悉不过的圈层了。不过，生物圈可不仅仅指的是地球上所有生命体，它是指地球上所有生物与其生存环境的整体，包括岩石圈上层、水圈的大部和大气圈下层，是由动物、植物、微生物组成的王国。据统计，地球上的植物大约有 50 多万种，动物约有 150 多万种。而具有极强的环境适应能力和顽强生命力与繁殖能力的是微生物。地质勘探表明，在地下几百米甚至一千米的深处，都有细菌的存在。

地球的生物圈经历了十几亿年的繁衍发展，才形成今天生物赖以生存的环境。在这个漫长的发展演化过程中，地球的大气圈、水圈以及地壳表面都积极参与其中。因此，生物圈的形成，是大气圈、水圈和地壳之间相互接触、相互渗透、相互影响的结果。

自然环境是人类社会赖以生存的基础，它不仅提供了人类生存与活动的场所，也为人类提供了生活资料和生产资料。自然环境直接影响人类的社会活动和社会发展，“人类－自然－资源”是一个整体，彼此联系形成生态环境，构成一个相互制约的生态系统。

1.2.2 生态系统

“人类－自然－资源”构成了生态系统，它们彼此之间进行着转化和交流。更准确地来说，生态系统是在一定的时间和空间内，生物与生存环境以及生物与生物之间相互作用，彼此通过食物链和食物网进行物质循环、能量流动和信息交换，从而构成的一个不可分割的自然整体。在这里，食物链和食物网起到了很重要的沟通桥梁作用，使得各个群体之间可以进行交流和转化。那么生态系统到底由哪几部分组成呢？

（1）非生物环境

非生物环境是生态系统的生命保障系统，是生物生活的场所，具备生物生存所必需的物质条件，也是生物能量的源泉。它包括气候因子，如光照、水分、温度、空气及其他物理因素；无机物质，如C（碳）、N（氮）、H（氢）、O（氧）、P（磷）及矿物质盐类等；有机物质，如蛋白质、糖类、脂类、腐殖质等。

（2）生产者（初级生产者）

生产者是指绿色植物，也包括单细胞的藻类和能把无机物转化为有机物的一些细菌。绿色植物的叶片中含有叶绿素，能进行光合作用，把无机物转化为有机物，供给自身生长发育的需要，并且成为地球上一切生物的食物和能量的来源，是生态系统中最基础的成分。

（3）消费者（次级生产者）

消费者主要是指动物。它们不能直接利用外界能量和无机物制造有机物，而以消耗生产者为生，这些生物是异养生物。根据取食地位和食性的不同，消费者可分为草食动物、肉食动物和杂食动物。草食动物以植物作为直接食物，称为一级消费者，如蝗虫、蚱蜢等；以草食动物为食物的肉食动物称为二级消费者，如青蛙、蟾蜍等；以肉食动物作为食物的动物，则称为三级消费者，如蛇、猫头鹰等。这些消费者都是生态系统中的重要环节，它们对整个生态系统的自动调节能力，尤其是对生产者的过度生长、繁殖起着控制作用。

（4）分解者（还原者）

分解者是指具有分解能力的各种微生物，也包括一些低等原生动物，如土壤线虫、鞭毛虫等。它们都是异养生物，主要功能是把动植物的有机残体分解为简单的无机物，归还到环境中，再被生产者利用。因此这些异养生物也称为还原者。分解者是生态系统的“清洁工”。如果没有分解者，死亡的有机体就会堆积如山，使营养物质不能在生物与非生物之间循环，最终使生态系统成为无水之源。生态系统的分解者数量十分惊人。据统计，在1万平方米的农田土壤中，细菌的重量可达8千克。

生态系统的各组成部分有分工，也有协作。生产者为消费者和分解者直接或间接地提供食物；消费者把生产者的数量控制在非生物环境所能承载的范围内；生产者和消费者的残体、排泄物最终被分解者分解成无机物，供植物重新利用。正是生产者、消费者、分解者和非生物环境之间的协调、统一，使生态系统能够不停地发挥作用。

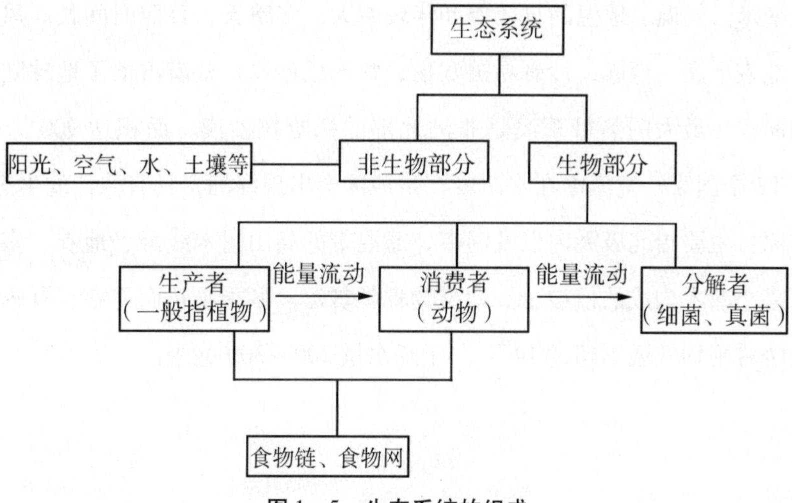

图1－5 生态系统的组成

1.2.3 多彩生态区

大自然的景色，有的雄伟壮观，有的灵动秀美，有的绮丽纤巧，这皆是大自然的馈赠，是大自然赋予了它们灵动美丽的气质（彩插1-1~1-4）。纷繁的生态区装点着世界，在各地演绎着绮丽的故事。森林、草原、荒漠、冻原生态系统虽形态各异，但却同样精彩；淡水、海洋生态系统呈现出不同的生命色彩；在人类影响下的人工生态系统（如城市生态系统、农业生态系统等）也是生态大系统的一员，为生态家族增添出一抹别样的色彩。

热带雨林：分布在赤道南北纬5~10度的热带气候地区，如东南亚、澳大利亚、南美洲亚马孙河流域、非洲刚果河流域、中美洲、墨西哥和众多太平洋岛屿，是动植物种类繁多、群落结构复杂、种群密度长期处于稳定的生态区。热带雨林经受着猛烈的日照，平均温度为26 ℃。无四季变化，降水量高且年内分配较均匀，生物群落演替速度极快。据不完全统计，热带雨林拥有全球40%~75%的物种，植物以高大乔木为主，动物丰富度极高。

热带草原：分布在干旱地区，如非洲、巴西和澳大利亚的部分地区。年降水量少，一年中有明显的旱季与雨季，群落结构简单，受降雨影响大；不同季节或年份种群密度和群落结构常发生剧烈变化，景观差异大。

荒漠：分布在南北纬15~50度的地带。终年少雨或无雨，年降水量一般少于250毫米。气温、地温的日较差和年较差大，多晴天，日照时间长。风沙活动频繁，地表干燥，裸露，沙砾易被吹扬，常形成沙暴。荒漠占据了地球陆地三分之一的面积，最大的热带荒漠是非洲北部的撒哈拉沙漠，面积达900万平方千米，跨12个国家。荒漠中在水源较充足地区会出现绿洲，具有独特的生态环境。

冻原：主要指北极圈内以及温带、寒温带的高山树木线藓、地衣、多年生草类和耐寒小灌木构成的植被带。动植物种类贫乏。冬季漫长而严寒，夏季温凉短暂，最暖月平均气温不超过14 ℃。年降水量200~300毫米。

1.3 生态平衡，和谐之美

生态系统是一个整体。健康的生态系统应当是一个平衡的系统，即生产者、消费者和还原者之间能较长时间保持着一种动态平衡，这种动态平衡来自于生态系统强大的自我调节能力。而生态系统内部组成成分越多，物质循环和能量流动的途径越复杂，这种生态系统就越稳定。既然我们已经知道了生态系统是由非生物环境、生产者、消费者和还原者组成，那么物质循环和能量流动又是怎样的呢?

1.3.1 生态天平的平衡

（1）物质循环

生物有机体大约由40多种元素组成，其中碳（C）、氢（H）、氧（O）、硫（S）、磷（P）是最主要的元素，它们都来源于环境，构成生态系统的生物个体和生物群落（一个物种在一定空间范围内所有个体的总和称为种群，所有不同种生物的总和称为群落，生物群落连同其所在的非生物环境共同构成了生态系统）。生产者把无机物转化为有机物，给消费者消耗；消费者产生的废弃物及生产者的残体被分解者消化，又转化为无机物，返回环境，供植物重新利用。地球上无数个这样的物质循环，汇合成生物圈的总的物质循环。

我们以生物圈的碳循环来举例。绿色植物通过光合作用把大气中的二氧化碳吸收起来，合成碳水化合物储存在体内，食草和食肉动物分别通过食物链吸收这种营养物质。动物的呼吸和微生物对动植物残体的分解，又将碳以二氧化碳的形式排入大气。未经完全分解的有机残体埋在地下、堆积在海底，转化成煤、石油和天然气，人类开采这些化石燃料并燃烧，在燃料燃烧的过程中将大量二氧化碳排入大气，被绿色植物吸收。这样即完成了碳在生物圈的循环。

（2）能量流动

生态系统的能量流是推动生物圈和各级生态系统物质循环的动力，使能量能在食物链中传递。能量流是单向的，它从植物吸收太阳能开始，通过食物链逐级传递，直到食物链的最后一环。在每一环的能量转移过程中，都有一部分能量被有机体用来支持自身的生命活动，随后变为热能耗散在物理环境中。生态系统中各种生物的数量按照能量流的方向沿着食物链递减，处在最基层的绿色植物数量最多，其次是草食动物，再次为各级肉食动物，处在顶层的生物最少，这样就形成了一个能量金字塔。只有当生态系统生产的能量与消耗的能量大致相等时，生态系统的结构才能维持相对稳定的状态。

（3）信息传递

生态系统中包含着多种多样的信息，大致可以分为物理信息、化学信息、行为信息和营养信息。这些信息的传递不像物质流那样是循环的，也不像能量流那样是单向的，它往往是双向的。物理信息包括光、声、电、磁等。如鸟类的叫声可以传递求偶、警告和有无食物等各种信息；动物在迁徙时，通过动物自身的磁场与地球磁场的相互作用来确定行进的方向。

生态系统的各个层次都有生物代谢产生的化学物质参与传递信息、协调各种功能，如猎豹和猫科动物有着高度特化的尿标志信息，它们总是仔细观察前兽留下来的痕迹，并由此知晓时间信息，从而避免与栖居同一地区的对手相互遭遇。某些动物可以通过它们的异常行动传递某种信息，如各种不同形态和动作的蜂舞，可以表示蜜源的远近和方向。

食物链和食物网就是生态系统的营养信息系统，各种生物通过营养信息关系联系成一个互相依存和互相制约的整体。食物链中的各级生物要求有一定的比例关系。在畜牧业生产上，应根据营养信息规律注意饲养畜禽的数量与饲料量的比例，以保持一定的平衡。如在草原牧区，草原的载畜量必须根据牧草的生长量而定，使牲畜数量与牧草产量相适应。如果不顾牧草提供的营养信息，过度放牧，就必定会导致因牧草饲料不足而使牲畜生长不良和草原退化。

生态平衡是生态系统在一定时间内结构和功能处于相对稳定状态，其物质和能量的输入输出接近相等，并且在外来干扰下能通过自我调节（或人为控制）恢复到最初的稳定状态。但一个生态系统的调节能力是有限度的，当外力的影响超出这个限度，生态平衡就会遭到破坏，生态系统就会在短时间内发生结构上的变化和功能失调。这种超限度的影响会对生态系统造成长远性的破坏，这就是我们常说的生态平衡破坏，或生态失调。遭到破坏的生态系统如要重新回到和原来相当的稳定状态往往需要很长的时间，甚至导致生态系统发生不可逆的改变。

引起生态平衡破坏的因素有自然的，也有人为的。自然破坏因素即我们常说的“天灾”，如火山爆发、山崩海啸、地震、台风、泥石流等。对于天灾，我们只能通过加强预报和增强抗灾能力来尽量减轻其对生态平衡的破坏程度。而人为的破坏因素即“人祸”，是因为人类自私、贪婪地向自然进行索取，对自然资源不合理利用而导致的各种环境污染所造成的。极端气候、温室效应、沙尘暴、雾霾、水体污染、水土流失、荒漠化……严峻的环境污染、环境破坏问题真的是太多太多了！我们能清楚地听到地球母亲在痛苦地呻吟……可是自私贪婪的人类仍然在不断地索取，不懂得对地球母亲进行回馈和保护。

1.3.2 生态景观之美

我们见到的生态系统，往往是多种生态成分的组合。它们和谐共生，共同构筑一幅美妙的生态景观。

（1）世界第一个国家公园——黄石公园

黄石国家公园诞生于近200万年前的一次火山爆发，位于有“美洲屋脊”称号的落基山脉上。1872年3月1日，它被正式命名为保护野生动物和自然资源的国家公园，是美国设立最早、规模最大的国家公园，它以保持自然环境的本色而著称于世。公园占地8956平方千米，因两旁峡壁呈黄色的黄石河而得名。公园里森林茂密，保持着大自然的原野景色，是美国最大的野生动物庇护所和著名的野生动物园。

（2）中国第一个国家级公园——张家界

张家界位于湖南省的大庸、桑植、慈利三个县的交界处，海拔约800米，最高峰1300米，总面积达119平方千米。这里到处可以看到连绵不断的奇峰，嶙峋高耸的怪石，曲折幽深的沟壑，潺潺流动的溪水，以及有着浓厚民族特色的土家族建筑，是湘西最为著名的风景区，已被列为第一个国家级森林公园。

电影《阿凡达》中“潘多拉星球”各种元素的原型大量取景于张家界，其中乾坤柱图片就成为“哈利路亚山”，即悬浮山的原型。《阿凡达》在全球热播后，海内外亿万观众更是对“哈利路亚山”原型地张家界心向神往。

图 1-6　张家界国家森林公园武陵源乾坤柱

图 1-7　电影《阿凡达》里的哈利路亚山

我们只有一个地球，人类只有一个家园。保护地球、呵护环境是我们每个人的职责。我们应积极预防、治理污染，通过合理开发利用自然资源，建立自然保护区，保护珍稀野生动植物，完善环境保护的法律条文和国际公约，控制人口增长等措施来维护我们赖以生存的环境。保护环境不是一个口号，而应该从我做起，从身边小事做起，一点一滴，为环境保护献出自己的一份力。保护环境人人有责，这不仅关乎我们自身，更关乎子孙后代的繁衍生息和地球生境的可持续发展。保护环境，保护地球，让我们行动起来！

2　地球的霓裳

“赤橙黄绿青蓝紫，谁持彩练当空舞。”彩虹的美丽色彩吸引着我们，七色之间衔接和谐，浓淡变化相宜，真像仙女从空中抛下的彩带一样绚丽多彩！怪不得人们常说雨后的彩虹是人间天上的桥，也由此引发出许多动人、美丽的故事。彩虹，她用自己绚丽的色彩之光，为人们描绘出一个神奇、美丽的天空！

图2－1　美丽的彩虹

春雨惊春清谷天，夏满芒夏暑相连，

秋处露秋寒霜降，冬雪雪冬小大寒。

这朗朗上口的二十四节气歌是我们中华民族的传统瑰宝。我们的祖先在总结季节变化的规律时，对农事活动进行着合理的安排。这二十四节气分别是：立春、雨水、惊蛰、春分、清明、谷雨、立夏、小满、芒种、夏至、小暑、大暑、立秋、处暑、白露、秋分、寒露、霜降、立冬、小雪、大雪、冬至、小寒、大寒。正是因为有了缤纷多变的大气环境，才有了这样奇特有趣的二十四节气。

2.1 认识我们的大气层——地球的外衣

地球表面包围着一层空气，这层空气被称为大气圈或大气层。大气圈位于水圈和岩石圈的上面，是地球的一部分。自地球表面向上，大气圈可延伸到几千千米的高空。由于大气圈的存在，地球上的生命才能正常生存，繁衍不息。

图 2-2 大气层

2.1.1 地球霓裳的材质

地球的霓裳羽衣是由什么组成的呢？大气的成分很复杂，组成大气的空气为一种混合气体，并且越到高空，变得越稀薄。从地面到 90 千米的高度空间内，空气成分的比例大致是一样的：含量最多的是氮和氧（氮氧分别约占据着空气总体积的 78% 和 21%），除此之外还有氢、二氧化碳、氦、氖、氩、氪、氙、臭氧等气体。另外，大气中还含有一定量的水和多种尘埃杂质，它们是形成云、雨、雾、雪的重要物质。大气圈里的空气虽然肉眼不可见，但质量却大得惊人。据科学家估算，整个地球周围有 5000 多亿吨重的空气。住在地球上的人类，如果没有了人体自身由内向外的压力，就会被空气巨大的压强弄得粉身碎骨。由于地球引力的作用，大气质量的十分之九都集中在近地面 16 千米以内的大气层里。

2.1.2 地球霓裳的层次

地球外围的大气层如同古人烦琐的华服，分为五层。大气结构由科学家们对大气在垂直方向上进行分层而定义的。大气圈的高度随地球纬度的分异而有所不同。赤道上空大气层的高度约为 4200 千米，两极上空则为 2800 千米。由于受地心引力的作用，大气物质主要集中在下部，其中 50% 的大气聚集在离地面 5000 米以下的区域。科学家们根据温度、大气成分、电荷等物理性质，同时考虑到大气在垂直方向上的运动情况，对大气从下到上分为五个层次：对流层、平流层、中间层、热层和散逸层。

对流层：是地球大气层中最靠近地面的一层，也是地球大气层里密度最高的一层。它蕴含了整个大气层约 75% 的质量，其厚度随地球纬度、季节的不同发生变化。对流层是地球大气层中天气变化最复杂的一层，它在气象学上的主要特点有：气温随高度升高而降低；风向和风速经常变化；空气上下对流剧烈；有云、雨、雾、雪等天气现象。

平流层：位于对流层的上方和中间层的下方，其上界约在离地 50 千米的高度。平流层的温度上热下冷，随着高度的增加，平流层的气温在起初基本不变，然后迅速上升。在平流层里大气主要以水平方向流动，垂直方向上的运动较弱，因此气流平稳，基本没有上下对流。由于含有大量臭氧，平流层的上半部分能吸收大量的紫外线，因此也被称为臭氧层。

中间层：高度在 50 ~ 85 千米，下方是平流层，上方是热层。中间层的气温随高度的上升而下降，因此其大气存在相当强烈的垂直方向的运动。它是飞机所能飞越的最高高度以及太空船飞行的最低高度，因而造成了它是人类认知最少的一层大气。每天均有数以百万计的流星进入地球大气层后在中间层里被燃烧。流星体进入中间层后，会与中间层的气态粒子相撞，这种相撞大多会产生足够热力使这些下坠物在它们到达地表前被燃烧殆尽。

热层：位于中间层之上及散逸层之下，其顶部离地面约 800 千米，空气密度极小。热层的空气受太阳短波辐射及磁场的影响而处于高度电离的状态，当中一部分离子进行电离形成电离层。电离层可以反射无线电波，它是被人类利用进行远距离无线电通信的大气层。

散逸层：是地球大气层的最外层，位于热层的上方，其顶界可被视作整个大气层的上界。散逸层大气的温度极高，因此空气粒子运动很快。又因其离地心较远，受地球引力作用较小，所以这一层的大气质点经常散逸至星际空间。散逸层的这一特点也造成其大气密度极低，和星际空间区别不大。

2.1.3　地球的保护衣

大气层中的温室气体所产生的温室效应使得地表日夜温差不大，给地球上的人类及生物提供了良好的生存环境。大气层中的臭氧能吸收 99% 以上的对地球有破坏作用的太阳紫外线，使得地球上的生物免受紫外线的侵害，为地球提供保护。地球的外层大气能消减来自外太空的陨星对地球造成的伤害，绝大部分陨星在没有落到地面的时候就与大气层进行摩擦、燃烧，变成耀眼的流星划过天际。大气还能排除来自宇宙的太阳风、宇宙射线等侵袭因子，使它们绕开地球而去。

木星、土星外部都有一层如地球大气的“云层”，为何它们没有形成如地球大气层一般的气层？通过望远镜观看木星，我们可以发现在木星的赤道附近有一条条明暗相间的条纹，呈黄绿色和红褐色，那就是木星的大气云带。木星大气主要由氦和氢组成，它与地球大气的组成成分不同，最关键的是木星的大气中没有氧元素，因而就不能构成供养生命的大气。在土星外围也有一层类似“大气”，这里充盈着氢和氦，还有部分氨、甲烷和有色彩的分子，这样的组分仍然不具备地球大气的功能。

2.1.4　斑驳的霓裳羽衣

大气污染现如今已日益严重，人类发展过程中向大气中排放的污染物质与日俱增，这些污染物是危害人类和环境的物质。大气中的污染物或由它转化成的二次污染物的浓度达到有害程度，就出现了大气污染。

造成大气污染的原因既有自然因素又有人为因素，人为因素尤甚，如工业废气、汽车尾气和核爆炸等。大气污染物的种类有很多，下面就来为大家做一个简要介绍。

大气污染物主要有颗粒物、硫氧化物、碳的氧化物、氮氧化物、碳氢化合物等物质。颗粒物是大气中液体、固体状的物质，又称尘。硫氧化物是硫的氧化物的总称，包括二氧化硫、三氧化硫、三氧化二硫、一氧化硫等。碳的氧化物主要是一氧化碳（二氧化碳不属于大气污染物）。氮氧化物是氮的氧化物的总称，包括一氧化二氮、一氧化氮、二氧化氮、三氧化二氮等。碳氢化合物是以碳元素和氢元素形成的化合物，如甲烷、乙烷等烃类气体。此外，还有其他有害物质，如重金属类、含氟气体、含氯气体等。

2.2 闷热的温房——全球变暖

2.2.1 即将消失的美丽马尔代夫

马尔代夫位于斯里兰卡南方650千米的海域里。由北向南经过赤道纵列，形成了一条长长的礁岛群地带。马尔代夫这个名字起始于公元150年，泛指位于锡兰西岸的岛屿。1000多个岛屿都是古代海底火山爆发而成。无际的海面上，星罗棋布一个个如花环般的小岛，犹如天际抖落而下的一块块翠玉。

雪白晶莹的沙滩，倒映在水中婆娑的椰影，大群大群五彩斑斓的热带鱼构成了马尔代夫的“动画”景观。当时许多来自东非、阿拉伯国家的船只，在航行中发现美丽、宁静的马尔代夫有适宜停泊的港口，人们也逐渐迷恋在这个岛上居住。

但是一个残酷的事实是：这个位于印度洋中的美丽岛国马尔代夫1000多个岛屿的平均海拔只有1.5米。科学家发布的最新报告表明，如果目前全球变暖的趋势得不到遏制，那么马尔代夫和其他一些地势低洼的国家可能会在本世纪被海水吞噬。从19世纪末地球表面已升温0.3～0.6 ℃，并且还在持续升温中。科学家们虽无法确定海平面的升幅，但预计到2100年，海平面会从0.09米上升至0.88米。而马尔代夫80%的陆地是低于海平面1米的，海平面的稍许上升就会对这个美丽岛国带来严重威胁。现如今，许多岛屿已遭受到海水泛滥和海岸侵蚀的危害。海平面的升幅威胁到马尔代夫的生存，美丽岛国马尔代夫已是个濒临消失的国家……

2.2.2 地球发烧了

全球大气层就如同一个巨大的“玻璃温室”，使地表始终维持着一定的温度，使地球成为人类和其他生物生存的环境。在这一系统中，大气既能让太阳辐射透过到达地面，同时又能阻止地面辐射的散失，我们把大气对地面的这种保护作用称为大气的温室效应。因有温室气体的存在，地球表面的温度才能保持在一个比较稳定的水平，昼夜温差不至于太大。这样的温室气体就存在于大气中，是大气里的微量气体，如水汽（H_2O）、二氧化碳（CO_2）、甲烷（CH_4）、一氧化二氮（N_2O）等，它们能让太阳短波辐射自由通过，同时强烈吸收地面和大气放出的长波辐射（红外线），从而造成近地层增温。据科学家估算，如果不存在大气温室效应，地球表面的温度本应该低得多，大约低到 -17 ℃，而事实上，地球表面的年平均温度是15 ℃左右。正是由于大气的“温室效应”，地球上的生命才得以在适宜的环境中生存，才造就了地球这颗在太阳系中绝无仅有的、具有勃勃生机的星球。温室气体就像是地球的“外衣”一样，通过发挥“保暖作用”让地球保持着适宜的温度。对这种作用贡献最大的“功臣”就数二氧化碳了。然而在近期，人类却给这位“功臣”许多臭名昭著的外号——温室效应的“罪魁祸首”、全球变暖的“元凶”等。是什么原因使得我们这位好朋友在近代开始“作恶”了呢？

长期以来，自然中温室气体的排放和吸收基本是平衡的，温室气体与大气中的其他气体成分一直保持着相对稳定的比例，温室效应对地球上的气候变化没有产生过大的影响。但是自工业革命以来，人类燃烧煤、油、天然气和树木，产生大量二氧化碳和甲烷进入大气层后使地球升温，使碳循环失衡，改变了地球生物圈的能量转换形式，加上大规模农业生产使植被大面积遭受破坏，大大提高了地球大气中温室气体的含量，二氧化碳在大气中的含量更是与日俱增。如今，由于大气中二氧化碳含量的剧增，越来越剧烈的温室效应让地球正在升温，在20世纪全世界的平均温度大约攀升了0.6 ℃，北半球春天的冰雪解冻期比150年前提前了9天，而秋天的霜冻开始时间却晚了10天左右。

2.2.3 全球变暖的影响

当全世界的平均温度升高1 ℃，巨大的变化就会产生：山区冰川会后退，积雪区会缩小。国际冰雪委员会（ICSI）的一份研究报告指出："喜玛拉雅地区冰川后退的速度比历史上其他任何时候都要快。如果以目前的融化速度继续下去，这些冰川在2035年之前消失的可能性非常之大。"即使冰川融水在60至100年的时间里干涸，这一生态灾难的影响也会给尼泊尔、印度、巴基斯坦、中国和不丹等地造成麻烦。

全球变暖将导致海洋温度升高，海水体积膨胀，南极和格陵兰的大陆冰川也会加速融化，导致海平面上升。在过去100年中全球海平面每年以1~2毫米的速度在上升，预计到2050年海平面将继续上升30~50厘米，这将会淹没沿海低海拔地区，例如大洋洲岛国图瓦鲁已被水淹没。

由于全球气温升高，就会导致不均衡的降水。一些地区由于海洋温度升高，水蒸发加快，大量水汽被输送进入大气，会导致局部地区短时间内降水量突然升高，这样的暴雨天气就会导致水灾、山体滑坡、泥石流等更加频繁的发生，水土流失问题也比过去更加严峻。而另一些地区降水则会减少，如西非的萨赫勒地区从1965年以后干旱化严重。

对于植物而言，全球变暖会引起植物生长季节延长，春天发芽时间提前，而秋季其落叶时间则会推迟。同时，部分植物开始在比原来生长的地区纬度更高的地方"落户"，如阿尔卑斯山上与新西兰的一些植物。

全球变暖也使一些动物的习性发生变化。如在亚洲、东非和拉丁美洲的某些高原地区，出现了一些原本在该地区无法生存的传播疾病的蚊子，而哥斯达黎加的鸟与美国的蝴蝶等也开始在海拔较高的地区生活。在海洋中，部分鱼类及水生生物则由于水温升高被迫迁徙，在大西洋和太平洋海岸都发现有鱼类向北迁徙。

但是，似乎全球变暖也不全是坏处。

"黑龙江是全球气候变暖受益最大的中国省份之一。"2008年6月14日，在哈尔滨召开的首届东北亚区域合作发展国家论坛上，黑龙江省社会科学院院长曲伟语惊四座。但这种说法，其实毫不夸张，因为在把“北大荒”建设成“北大仓”的过程中，全球变暖“功不可没”。

气候变暖，尤其是冬暖突出，使冬小麦在黑龙江的种植成为可能。现在黑龙江省具备种植冬小麦气候条件的产地最北可延伸至克东和萝北等北部地区，这一界线与中国20世纪50年代所确定的冬小麦种植北界（长城沿线）相比，北移了近10个纬度。变暖对黑龙江农业最大的贡献，还要体现在水稻的种植上。升高的温度，就意味着更多的热量、更长的生长期，而这些因素都可以促进水稻生长发育，提高产量，中国水稻的种植北界已经移至北纬52度的呼玛等地，黑龙江水稻的种植面积明显扩大。

2.3 大气层的伤口——臭氧层被破坏

2.3.1 破了洞的天空

臭氧是大气中自然存在的一种无色但有特殊臭味的气体。约90%的臭氧集中在大气平流层中，在距离地球表面10~50千米处臭氧浓度值达到最高，这也就是我们所说的臭氧层。

臭氧在大气中的含量极其微小，按照体积计算，大气层中的臭氧不足大气总体积的200万分之一。换句话说，如果把臭氧全部集中起来均匀覆盖在地球表面，其厚度也只有3毫米。但你可千万别小看这层薄衣，正是它吸收了太阳辐射中99%以上的紫外线，从而保护了地球上的亿万生灵。

但是，科学家们从1985年开始对地球臭氧层进行观测以来，发现南极上空在每年北半球的冬季时间都会出现臭氧洞。美国国家宇航局（NASA）2006年9月21日至30日的卫星图像显示，臭氧洞正在日益扩大，并破了此前的纪录，达到了2740万平方千米，而2003年观测到的最大臭氧洞为2710万平方千米。世界气象组织（WMO）于2005年曾宣布，南极上空的臭氧洞已经严重到前所未有的程度，在个别地区甚至达到了“崩溃的边缘”。另据观测，北极上空也出现了臭氧洞，甚至比南极还大，约占北极面积的三分之一。

2.3.2 把天捅“破”的元凶

关于地球上空臭氧层的耗减与臭氧洞形成的原因，绝大多数科学家认为是人类活动造成的。不少化学物质均会引起臭氧层的耗减，20 世纪 30 年代以来，人类大量使用的氯氟烃——一种普遍存在于冰箱和空调中充当制冷剂的化合物——是臭氧层耗减的主要原因。氯氟烃释放出的氯离子破坏臭氧分子，从而使臭氧浓度急剧减少。此外，也有一些臭氧洞形成的不同说法，如太阳风假说。中国学者杨学祥教授2006 年发表在《科学美国人》杂志的论文指出，人类使用的氯氟烃是南极臭氧洞形成的主要原因这一观点证据不足，太阳风才是地球臭氧洞的“元凶”（太阳风是从太阳向外流出的高速、高能量粒子流，主要由质子和电子加上少量重元素核组成）。杨教授认为，太阳风穿越地球磁层后，会沿磁力线集中到南北两极，并与臭氧结合成水，进而破坏极地上空的臭氧层。

2.3.3 天“破”了的恶果

科学家研究表明，紫外线中的 UV-B 对人类健康能造成多方面的危害。臭氧层的耗减产生的直接结果就是使太阳光中的紫外线 UV-B 到达地面的数量增加，从而导致癌症发病率升高。目前已有许多在 20 世纪 60 ~ 70 年代喜欢在强烈阳光下进行日光浴的人被诊断出患有皮肤癌，这是因为这些人的皮肤细胞因受强烈紫外线的照射而发生了癌变。科学家认为，大气中的臭氧含量每减少 1%，太阳紫外线的辐射量就会增加 2%，患皮肤癌的人就会增加 5% ~ 7%。此外，紫外线辐射的增加还会使人们的生活受到很大的影响。2003 年南极上空的臭氧洞扩大到智利南部城市蓬塔阿雷纳斯上空，使当地居民处于强度极高的紫外线辐射之下。为了确保当地 12 万居民的健康，蓬塔阿雷纳斯市卫生部门启动了二级警报，告诫市民不要在中午 11 时到下午 3 时之间外出，因为在阳光下暴晒 7 分钟左右皮肤就会受伤。紫外线辐射的增加使当地市民的生活陷入混乱。

现在许多城市的天气预报都包括紫外线辐射强度报告，外出时可以认真参考。在户外活动时应尽可能避开高紫外线辐射时段或采取必要的保护措施，如涂抹防晒霜、戴上防紫外线的太阳镜等。

2.4 酸楚的哭泣——酸雨

2.4.1 哭泣的“自由女神”

在美国纽约市海港内有一座被称为自由岛的小岛。岛上矗立着一座巨大的雕像，当地华人称她为“自由女神”像，其全称为“自由女神铜像国际纪念碑”。

然而，由于受到酸雨的侵蚀，自由女神像钢筋混凝土外包的薄铜片变得疏松，一触即掉，而在1932年检查时还是完好的，因此不得不进行大规模修复。根据美国联合通讯社（简称美联社）2007年10月8日的报道，美国能源巨头之一的美国电力公司为此付出了46亿美元的巨额账单，因为美国电力公司燃煤发电造成的酸雨不仅侵蚀了美国东北部山区，还“玷污”了美国地标性雕塑——自由女神像。

图2-3　正在修缮的自由女神像

2.4.2 走近酸雨

雨水对于生命的存在是非常重要的，因为它是地球上生命生长所需水分的来源之一。但是，在当今世界上的许多地方，雨水却变成了一种恐怖威胁。因为工厂、汽车和民用生活中的矿物燃料燃烧向大气排放出大量的污染气体，使得降落的雨水在许多地区变成了一种破坏物——酸雨。

1. 酸雨是怎样形成的？

酸雨是指 pH 值小于 5.6 的雨水、冻雨、雪、雹、露等大气降水。工业革命以来，人类活动向大气中排放出大量的酸性气体，如氯化氢（HCl）、硫氧化物（SO_x）和氮氧化物（NO_x）等，这些酸性成分经过云内成雨过程形成酸雨滴，降落在地面上给地球生态环境和经济社会带来了严重影响和破坏。随着工业的发展，大气中的酸性气体成分越来越多，酸雨的强度也越来越大，对地球生态系统及人类社会的危害也越来越严重。酸性气体的最主要来源有：①煤、石油和天然气等化石燃料的燃烧；②金属冶炼工业如铜、铝、锌硫化物矿石还原为金属过程中逸出大量硫的氧化物气体，部分进入了大气；③汽车发动机内活塞频繁打出火花时使氮气变成氮的氧化物并排入大气。

2. 酸雨的危害

酸雨对人体健康的最大危害就是引起呼吸疾病，如哮喘、干咳、鼻子喉咙过敏等。酸雨会加速有毒金属的溶解，溶解在水中的有毒金属又会被水果、蔬菜和动物吸收，人们吃了被有毒金属化合物污染的食物后会导致严重疾病，如累积在动物器官和组织中的汞与脑损伤和神经混乱有关。近年来，科学家怀疑老年痴呆症也与酸雨有关。

酸雨能酸化土壤，使土壤中的矿物质和养分大量流失，并使土壤中的细菌长期生存，毒害作物根系，导致作物枯萎、死亡。酸雨还会杀死水中的浮游生物，减少鱼类食物来源，破坏水体生态系统。据报道，在瑞典的 9 万多个湖泊中，已有 2 万多个遭到酸雨危害，4000 多个成为无鱼湖。美国和加拿大许多湖泊成为一潭死水，鱼类、浮游生物甚至水草和藻类均被一扫而光。酸雨除了污染河流和湖泊外，还会对地下水造成污染，这将直接或间接地危害人类的健康。

酸雨对地表植被的危害更是不容忽视。酸雨淋洗植物表面，直接伤害或通过土壤间接伤害植物，促使森林中的树木枯萎甚至死亡，还会导致农作物产量大幅度降低甚至绝收。据报道，在北美酸雨区已发现大片森林死于酸雨；德国、法国、瑞典、丹麦等国有 7 万多平方千米森林因遭到酸雨袭击正在衰亡；而在我国四川、广西等省、自治区，也有1000多平方千米的森林在逐渐步入衰亡。

酸雨会对建筑、文物古迹造成侵蚀。石灰岩和大理石的主要成分是碳酸钙，跟酸雨接触会转变成一种粉碎性物质硫酸钙。世界上许多古建筑和石雕艺术品都因遭到酸雨的腐蚀而严重损坏，如我国的乐山大佛、卢沟桥石狮，印度的泰姬陵，埃及的金字塔，以及美国的自由女神像等。

2.5　难以呼吸的空气——大气污染

2.5.1　空气污染知多少

洁净的空气，每个环境质量好的城市都是相似的，但是被污染了的空气，每个城市却各有不同。当大气中污染物质的浓度达到有害程度，甚至破坏到了生态系统和人类正常生存和发展的时候，这种状态下的大气就是被污染了的大气。我们感受的越来越多的是城市空气污染，扬沙、浮尘、沙尘暴、雾霾……无不在侵蚀着我们挚爱的城市家园。而归根结底，很多污染的源头，就是我们人类自身。也许大家还不知道，城市的空气污染不仅仅局限在气象预报的这几种灾害，准确地来说，根据城市的能源结构，主要可以划分为以下四种空气污染。

(1) 煤炭型还原污染

主要污染是煤炭燃烧时产生的烟尘、二氧化硫和一氧化碳等一次污染物，因其具有还原作用，这种污染被叫作还原型污染。在低温、高湿度和风弱的情况下，这些污染物在低空形成还原烟雾——它们能在空气中发生氧化还原反应，这样的污浊空气被吸入后，会对人体形成强烈的刺激，破坏身体健康。造成这类污染的污染源主要是工业企业的烟气排放物，其次是家庭炉灶等取暖设备的烟气排放。1952年伦敦烟雾事件就是典型。

(2) 石油氧化型污染

以石油为主要燃料的地区，在燃料燃烧过程中释放出的主要污染物包括氮氧化物和碳氢化合物等一次污染物，但在光照下，它们在空气中生成臭氧、醛、酮、过氧乙酰硝酸酯等二次污染物，氧化性极强，刺眼刺鼻，是典型的毒霾。污染源主要来自汽车尾气、石油冶炼及石油化工厂的废气排放。

图2-4 雾霾

（3）混合型污染

煤炭、石油及其他工业污染等比例均衡，污染更为复杂。北京在冬季，烧煤取暖占能源结构的40%，是典型的混合型污染。

（4）特殊型污染

特殊型污染是指有关工厂企业排放的特殊气体所造成的污染。一座大型工厂可以污染一座城市并决定这座城市的污染类型，如河北沧州的氯碱化工厂形成的氯气、湖南的一些硫酸厂释放的硫酸雾气等。

2.5.2 令人窒息的雾霾

近年来，我国频发大雾甚至雾霾。尤其在2013年年初期间的雾霾是我国有记录以来波及范围最广、性质最恶劣最严重的一场雾霾。伦敦市前副市长罗思义在最近一篇文章中表述，中国的大雾让他想起英国60年前的那场灾难。英国当时的经济发展水平、人均国内生产总值与中国现在大致相当。中国近期多城市发生雾霾也许并非巧合，我们难道要重蹈英国伦敦雾都事件的覆辙吗？到底怎样我们才能还原自然的洁净空气？

（1）雾霾是什么？

简单地说，空气中细微的水珠是雾，细小的颗粒是霾，两者合在一起就是雾霾，遇到无风的日子就弥漫在城市上空，阻挡了光线，就形成了“暗无天日”的阴霾。雾和霾还是有很大区别的。

雾是由大量悬浮在近地面空气中的微小水滴或冰晶组成的气溶胶系统，多出现于秋冬季节（这也是2013年1月份全国大面积雾霾天气形成的重要气象原因），是近地面层空气中水汽凝结的产物。雾的存在会降低空气透明度，使能见度恶化，如果目标物的水平能见度降低到1000米以内，这样的天气现象被称为雾；而若目标物的水平能见度在1000～10 000米，这种天气现象被称为轻雾或霭。霾是由空气中的灰尘、硫酸、硝酸、有机碳氢化合物等粒子组成的，它能使大气混浊、视野模糊并导致能见度恶化。如果目标物的水平能见度小于10 000米时，这种非水成物组成的气溶胶系统所造成的视程障碍被称为霾或灰霾。

霾与雾还有一个很大的区别在于霾发生时空气的相对湿度不大，而雾中的相对湿度是饱和的。一般相对湿度小于80%时的大气混浊、能见度恶化是霾造成的，相对湿度大于90%时的大气混浊、视野模糊是雾造成的，相对湿度介于80%～90%时的大气混浊、能见度恶化是霾和雾的混合物造成的，但其主要成分是霾。霾的厚度比较大，可达1～3千米。霾与雾、云不一样，霾与晴空区之间没有明显的边界，霾中粒子的分布比较均匀，而且灰霾粒子的尺度比较小，从0.001微米到10微米，平均直径为1～2微米，肉眼看不到空中飘浮的颗粒物。由于灰尘、硫酸、硝酸等粒子组成的霾，其散射波长较长的光比较多，因而霾看起来呈黄色或橙灰色。

二氧化硫、氮氧化物和可吸入颗粒物是雾霾的主要组成成分，前两者为气态污染物，最后一种——可吸入颗粒物才是形成雾霾天气的罪魁祸首。可吸入颗粒物与雾气结合在一起，让天空瞬间变得灰蒙蒙的。近来甚嚣尘上的可吸入颗粒物就是“PM2.5”。PM为颗粒物的英文缩写，PM2.5表述的就是直径小于或等于2.5微米的污染物颗粒。这种颗粒本身既是一种污染物，又是重金属、多环芳烃等有毒物质的载体。

（2）认识PM2.5“杀手”

2013年1月28日，中国气象局预报与网络司针对霾预警信号标准进行了修订，首次将PM2.5作为发布预警的重要指标之一。同日，中央气象台首次单独发布霾预警。2013年2月28日，全国科学技术名词审定委员会将PM2.5正式命名为“细颗粒物”，指大气中粒径小于或等于2.5微米的颗粒物（气溶胶）。虽然细颗粒物只是地球大气成分中含量很少的组分，但它对空气质量和能见度等有重要影响。细颗粒物粒径小，富含大量的有毒害物质且在大气中停留时间长、输送距离远，对人体健康和大气环境质量的影响重大。同月，国务院同意发布新修订的《环境空气质量标准》增加细颗粒物监测指标。

1）PM2.5的主要来源。PM2.5的来源主要有自然源和人为源两种，但危害较大的是人为源。

自然源包括：土壤扬尘、植物花粉、孢子、细菌等；自然界中的灾害事件，如火山爆发向大气中排放的大量的火山灰，森林大火或裸露的煤原大火及尘暴事件产生的大量细颗粒物。人为源包括各种燃料的燃烧（如发电、冶金、纺织印染等工业过程、供热过程、烹调过程中燃煤、燃气或燃油排放的烟尘）以及各类交通工具在运行过程中使用燃料时向大气中排放的尾气。而这其中，汽车尾气被认为是PM2.5的“重犯”，特别是大公交、各单位的班车，以及大型运输卡车等。使用汽油的小型车虽然排放的是气态污染物，比如氮氧化物等，但碰上雾天，也很容易转化为二次颗粒污染物从而加重雾霾。

2）PM2.5对人体健康的危害。有研究表明，颗粒物越小对人体健康的危害越大。细颗粒物能飘到较远的地方，因此影响范围也较大。细颗粒物直径越小，进入呼吸道的部位越深。直径10微米的颗粒物通常沉积在上呼吸道，2微米以下的可深入到细支气管和肺泡。细颗粒物进入人体肺泡后，直接影响肺的通气功能，使机体容易处在缺氧状态。这种细颗粒物一旦进入肺泡吸附在肺泡上就很难掉落，而且这种吸附是不可逆的。PM2.5主要对呼吸系统和心血管系统造成伤害，会使呼吸道受到刺激、咳嗽、呼吸困难、降低肺功能、加重哮喘，导致慢性支气管炎、心律失常、非致命性的心脏病等。老人、小孩以及心肺疾病患者是PM2.5污染的敏感人群。如果空气中PM2.5的浓度长期高于10微克/米^3，死亡风险就开始上升。浓度每增加10微克/米^3，总的死亡风险就上升4%，得心肺疾病的死亡风险上升6%，得肺癌的死亡风险上升8%。

3）雾霾天气的自我防护。主要包括以下几个方面：

雾霾天气应少开窗：雾霾天气早晚尽量少开窗通风，最好等太阳出来再开窗。

外出戴口罩：如果外出戴上口罩，可以有效防止粉尘颗粒进入体内。外出归来，应立即清洗面部及裸露的肌肤。

多喝桐桔梗茶：桐桔梗茶有清火滤肺尘功能，可以有效协助人体排出体内积聚的 PM2.5 颗粒物及其他有害物质。

适量补充维生素 D：冬季雾多、日照少，由于紫外线照射不足，人体内维生素 D 生成不足，有些人会产生精神懒散、情绪低落、免疫力下降等现象，必要时可补充一些维生素 D。

饮食清淡多喝水：雾天的饮食宜选择清淡易消化且富含维生素的食物，多饮水，多吃新鲜蔬菜和水果，这样不仅可补充各种维生素和无机盐，还能起到润肺除燥、祛痰止咳、健脾补肾的作用。少吃刺激性食物，多吃梨、枇杷、橙子、橘子等清肺化痰食品。

2.5.3 心腹大患沙尘暴

古代的北京空气质量比现在要纯净得多，但沙尘弥漫的现象却并非始自今日，所以史籍中有“幽燕沙漠之地，风起则沙尘涨天”的记述。时至今日，北京的沙尘暴天气不但没有好转的趋势，情况反而越来越严重。2002 年 3 月 20 日，一场特大沙尘暴突袭北京，前后共持续 51 小时，给北京地区带来了约 3 万吨尘土！

据统计，近几十年来，我国的沙尘暴发生得越来越频繁。20 世纪 60 年代，特大沙尘暴只发生过 8 次，70 年代为 13 次，80 年代为 14 次，到了 90 年代则达 20 余次，到了 21 世纪的今天沙尘暴更是频频发生。

（1）沙尘暴的成因

沙尘暴天气多发生在内陆沙漠地区，源地主要有撒哈拉沙漠，北美中西部和澳大利亚，亚洲沙尘暴活动中心主要在约旦沙漠、巴格达与海湾北部沿岸之间和美索不达米亚、阿巴斯附近的伊朗南部海滨，俾路支到阿富汗北部的平原地带。

有关研究指出，沙尘暴的形成必须具备四个条件：一是地面上的沙尘物质，它是形成沙尘暴的物质基础；二是大风，这是沙尘暴形成的动力基础，也是沙尘暴能够长距离输送的动力保证；三是不稳定的空气状态，这是重要的局地热力条件，沙尘暴多发生于午后傍晚说明了局地热力条件的重要性；四是干旱的气候环境。春季，在沙漠的边缘地区，由于长期干旱，而且地表少有植被覆盖，当有大风来临时地表的沙尘就很容易被风吹起随之输移。当风持续时间很长时，悬移的浮尘能够被输送到很远的地方，所经过的地区就会出现沙尘暴；当风速减弱到一定程度后，浮尘就会降落，该地就会出现降尘天气。

（2）沙尘暴的危害

沙尘暴，尤其是特强沙尘暴是一种危害极大的灾害性天气。当其形成之后，会以排山倒海之势滚滚向前移动。携带沙砾的强劲气流使大片农田受到沙埋或沃土被刮走，致使农作物大幅度减产甚至绝收。沙尘暴还会加剧土地的沙漠化，对生态环境造成巨大破坏，对大气环境造成严重污染，对交通和供电线路等基础设施产生重要影响，给人民生命财产造成严重损失。

我国沙尘暴的危害十分严重，特别是西北地区的工矿、交通、新兴城镇及其他水利、电力、煤田和油气井等设施，均受风沙危害或威胁。1993 年 5 月 5 日发生在我国西北地区的一次强沙尘暴天气，横扫宁夏、陕西、内蒙古等省（自治区）几十个县（市）的 100 多万平方千米的领域，涉及 1200 余万人，造成直接经济损失 56 亿元。沙尘暴袭来时空气变得浑浊，造成患上呼吸道等疾病的人数大大增加。

但是沙尘暴也不是“百害而无一利”，它在作恶多端的同时，其实还做了一些好事。碱性的沙尘进入大气中可以与空气中的酸性物质中和，达到抑制酸雨的效果。现在科学家已经测算出沙尘暴对酸雨的影响，即碱性的沙尘与酸性的土壤粒子的中和作用使中国北方降水的 pH 值增加 0. 18 ~ 2. 15，韩国增加 0. 15 ~ 0. 18，日本增加 0. 12 ~ 0. 15。此外，它从沙漠地带席卷的营养成分落到海洋，为鱼类提供了充足的养料。

2. 6　呵护我们的大气层——控制大气污染

2. 6. 1　爱惜衣服需趁新

俄罗斯谚语说：爱惜衣服需趁新。同理，我们应该在大气被破坏之前就保护它，充分利用大气自净能力来消除污染物的危害。大气的自净作用主要是物理作用（扩散、沉降），其次是化学作用（氧化、中和等）和生物学作用（植物吸收等）。

扩散作用：当气象因素处在有利于污染物扩散的状态下，而且污染物的排出量并不非常大时，扩散作用的效果是很好的。一方面能将污染物稀释，另一方面可将一部分污染物转移出去。

沉降作用：依靠污染物本身的重力，由空气中逐渐降落到其他环境介质（水、土壤）中。直径大的颗粒，可以自行降落。直径小的颗粒或气态污染物可以吸附在大颗粒上共同降落，也可由若干小颗粒聚集成大颗粒而降落，使大气中的浓度降低。例如尘土可被雨雪水冲洗降到地面，使大气清洁。

氧化作用：大气中的氧化物或某些自由基可以将某些还原性污染物氧化成无毒的化合物。例如一氧化碳能氧化成二氧化碳。

中和作用：例如大气中的二氧化硫可以与氨或碱性灰尘起中和作用而消除。

植物吸收作用：植物通过叶片吸收大气中的有毒物质，减少大气中的有毒物质含量，同时还能使某些化学物质在体内分解，转化为无毒物质。

2.6.2 浣洗地球的霓裳

（1）温室效应的防治

颁布应对气候变化的法律法规：2007 年 3 月 13 日，英国颁布了全球第一部气候变化法律，即《气候变化法案》。英国成为第一个立法约束二氧化碳排放的国家；美国一些州也颁布实施了气候变化相关法令或法案，如加利福尼亚州的《全球温室效应治理法案》规定，到 2020 年，加利福尼亚州二氧化碳及其他温室气体的排放量要减少 25%；日本、澳大利亚等国也制定了一些有关温室气体减排的法律法规。

建立碳排放交易体系：欧盟建立了全球最大的碳排放交易体系；美国也在酝酿建立总量控制和碳排放交易系统；澳大利亚则制订了世界上第一个强制执行的温室气体交易计划。

制定能源使用税收政策：欧盟实施征收碳税等多种税收政策，旨在鼓励少使用化石燃料，减少温室气体排放；英国自2001年开始在非民用能源用户中征收；日本政府从2007年1月起征收环境税；德国从1999年4月起分阶段实行对油、气、电征收生态税。

使用可再生能源：英国制定《可再生能源强制条例》，要求电力供应商必须购买一定比例的可再生能源电力销售给客户；日本、德国也制定了一系列新能源政策来鼓励可再生能源的利用。此外，各国也在不断地加大对低碳技术的研发，以及对新能源的开发。

温室效应增强是一个全球性的问题，除了各国采取积极措施应对和国际间合作外，从个人的角度讲，每个人都应该认识到温室效应恶化的后果，每个人都有责任做出行动来挽救自然环境。自然不是某个个体或某个物种的，而是所有物种共有的；应对气候变化，也不仅仅是国家政府的事，个体有责任也有能力采取措施。在日常生活中，我们要节约用电，多使用公共交通工具出行，参加植树种草等活动，来为遏制全球变暖献出自己的一份力。

（2）修补臭氧层

中国有女娲补天的古代神话传说，那么现代的我们要想像女娲一样把天上的臭氧洞补好，就需要减少平流层里能消耗臭氧的物质，这样臭氧层就可以进行自身恢复。然而令人失望的是，只有将所有消耗臭氧的物质完全限制以后，才能达到上述目的。

自20世纪70年代提出臭氧层正在受到损耗的科学论点以来，联合国环境规划署意识到保护臭氧层应作为全球环境问题，需要全球合作行动。联合国环境规划署将此问题纳入议事日程，并召开了多次国际会议。1977年，通过了第一个“关于臭氧层行动的世界计划”，并成立“国际臭氧层协调委员会”。1985年和1987年分别签署了《保护臭氧层维也纳公约》和《关于消耗臭氧层物质的蒙特利尔议定书》。1990年6月在伦敦召开的蒙特利尔议定书缔约国会议上，对原议定书进行了大幅度强化控制的修改，提出到2000年要全面禁止氟利昂的使用。

臭氧层空洞危机已经引起了我国政府的高度重视，我国政府已于1987年加入《蒙特利尔议定书》协议，正在采取多种切实可行的措施削减氟里昂的使用：改变城市能源结构，增加核能和可再生能源的使用比例，提高能源使用率，减少森林破坏等。我国积极参与了国际保护臭氧层合作，并制订了《中国逐步淘汰消耗臭氧层物质国家方案》。

（3）防治酸雨

防治酸雨最根本的措施是减少人为硫氧化物和氮氧化物的排放，如优先开发和使用各种低硫燃料；改进燃烧技术，事先从煤中去除硫；改进汽车发动机技术，并安装尾气净化装置；种植一些吸收二氧化硫和粉尘能力较强的植物，如菊花、桑树等花草树木，通过植树造林来优化环境。

（4）沙尘暴的防治

沙尘暴的治理任务艰巨而繁重，许多问题未彻底明白（如每次沙尘暴物质源的准确地点），且人类驾驭自然的能力极其有限，所以沙尘暴的治理并非一朝一夕就能够完成。

环境的破坏对沙尘暴的产生起了很大的作用，因此加强环境的治理对于减轻或减少沙尘暴显得尤为重要。与实施西部大开发战略相结合，从2000年起，中国将在西部地区新建“十大工程”，其中之一是中西部退耕还林（还草）和生态建设。这对遏制沙尘暴将起到非常重要的作用。通过科学研究寻找比较准确的物质来源，对沙尘暴的源头进行重点治理，显得尤为重要。

总之，大气污染很多是人为因素造成的，改善环境是一个长期坚持不懈的过程，要靠我们人类共同努力。

我们拥有美丽的大气层，它慷慨地保护着地球上的万事万物，给予我们最基本的生存条件。然而，许许多多显而易见地破坏大气层的活动正在不断侵蚀着地球母亲的这件霓裳，我们听得到母亲的挣扎和呻吟，看得到她一次次地报复着我们人类的破坏行为。还子孙一片洁净蔚蓝的天空和洁净的空气是我们每个人的职责，预防、控制、治理三管齐下，用我们不懈的努力，共同还原大气最原本的美丽。

3 生命之 “水”

水者，万物之本源也，没有水就没有生命。在人类文明的发展史中，水始终起着至关重要的作用。世界文明古国古埃及、古巴比伦、古印度和中国，都是在大江大河流域中发展起来的。地球上难以计数的江河，就像无数天然输水管道，并且在江河流域往往会形成众多的湖泊、湿地和地下水，为人类提供丰富的水资源。

你也许会好奇地问，这哺育生命的“圣水”是来自哪里呢？它与地球同龄吗？它是“天外来客”吗？如果是，它来自何方？如果不是，那么地球之水又是如何诞生的呢？让我们共同寻觅答案吧！

图 3－1　地球生命之源——水

3.1 水的“前世今生”

3.1.1 美丽的水球

据宇宙飞船从太空拍摄的地球照片和宇航员在宇宙空间的亲眼所见，地球是一个蓝色的水球。地球怎么成了蓝色的水球呢？从地球上的海洋与陆地面积的大小来看，在地球5.1亿平方千米的表面积中海洋就占了71%，相当于陆地面积的2.4倍。北半球虽然有全球2/3的陆地，但其陆地面积也仅有北半球自身总面积的39.3%，海洋的面积却占到了60.7%。南半球、东半球和西半球的海洋面积也都比陆地大。换一个角度，如果以0度经线与北纬47度纬线的交点和180度经线与南纬47度纬线的交点为两极，把地球分为以陆地为主的陆半球和以水为主的水半球，陆半球虽然集中了全球81%的陆地，但总体来说陆地仍比海洋小。这表明，无论在地球上的哪一个部位海洋都是地球的主体。海洋和陆地不同的是，海洋是一个连续的整体，各大洋相互连通，形成一个统一的世界大洋，使陆地看上去就像是漂浮在海洋上一样。因为海洋广阔而连续，水色偏蓝，因此在太空看地球，它就成了美丽的蓝色水球。

3.1.2 水之“源头”

地球刚刚诞生的时候，没有河流，也没有海洋，更没有生命，它的表面是干燥的，大气层中的水分也很少。世界权威杂志《自然》刊登了来自澳大利亚地质学家的研究成果，研究表明，地球与水的存在有先后之别，先有地球，后来才有水，地球中水的“年龄”为44亿年，比地球实际年龄45亿年少了1亿年。

关于地球上水的起源学术界存在着很大的分歧，目前关于水的形成就有几十种不同的观点。有观点认为在地球形成初期，原始大气中的氢、氧化合成水，水蒸气逐步凝结下来形成海洋。也有观点认为，在形成地球的星云物质中原本就存在着水的成分。另外观点认为，原始地壳中硅酸盐等物质受火山的影响而发生反应，析出水分。还有观点认为，地球上的水来源于被地球吸引的彗星和陨石，甚至现在地球上的水还在不断地增加。

现在学术界普遍的观点认为：地球是由太阳星云分化出来的星际物质聚合而成的，它由氢气和氮气以及一些固体尘埃组成。固体尘埃聚集结合形成了地球的内核，外面包裹着大量气体。地球刚形成时，结构松散，质量不大，温度也很低。后来，由于地球不断收缩，内核放射性物质产生能量，致使地球温度不断升高，有些物质渐渐地变暖熔化。较重的物质，如铁、镍等聚集在地球中心部位形成地核，较轻的物质浮于地表。随着地球表面温度逐渐降低，地表开始形成坚硬的地壳。但因地球内部温度很高，岩浆活动非常激烈，火山爆发十分频繁，地壳也不断发生变化，有些地方隆起形成山峰，有的地方凹陷形成山谷，同时喷发出大量的气体。随着地球体积不断缩小，引力也随之增加，这个时候，这些气体已无法摆脱地球的引力，从而围绕着地球，构成了“地球原始大气”，水蒸气便是构成原始大气的重要组成部分。

那么水蒸气又是从何而来呢？原来，组成原始地球的固体尘埃，实际上就是衰老了的星球爆炸而形成的大量碎片，这些碎片多数是无机盐之类的物质，在它们内部蕴藏着大量的水分子，即所谓的结晶水合物。结晶水合物里面的结晶水在地球内部高温作用下散发出来就变成了水蒸气。空中的水蒸气达到饱和时便冷却成云，变成雨，降落到地面上，聚集在地表低洼处，逐渐积累成湖泊和河流，最终汇集到地表最低的地方形成海洋。

从最初的原生水到今天的自然水体，在水量和水质方面都经历了很长时间的演变过程。据估计，35 亿年前地球表层的水量只有目前水量的 10%。30 多亿年间，水不断地从地球内部溢出，地表水量不断增加，最后终于形成我们现在看到的江河湖泊。据估算，目前每年仍然有约 660 立方千米的水从地球溢出。

3. 1. 3 离不开的水

水，对于人类的重要性是不言而喻的。地球上由于存在着大量的液态水，才在沧桑巨变之中孕育出生命，进而有了万物之灵的人类。生命体在数十亿年的发展进化中，水始终是物质及能量的载体。

（1）人类生命之源

在地球上，哪里有水，哪里就有生命。地球上所有的生命活动都是起源于水的。水是人类生活中不可缺少的物质，人类为了维持生命，必须喝水和从食物中取得必要的水分，一个成年人体内水的总量占总体重的65% ~70%。如果没有水，食物中的养料就不能被吸收，废物不能排出体外，药物也不能到达病变的部位。人体一旦缺水，后果往往是很严重的。没有食物，人可以活较长时间，但是如果没有水，人顶多能活一周左右，由此可见水对人类是多么的重要。

(2) 植物的雨露甘霖

植物含有大量的水，约占其体重的80%，蔬菜中含90% ~95%的水，水生植物含水量竟然达到98%以上。水替植物输送养分；水使植物枝叶保持婀娜的姿态；水参加光合作用，制造有机物，释放氧气；水的蒸发，使植物保持稳定的温度不致被太阳灼伤。植物不仅满身是水，而且一生都在消耗水。1千克玉米，是用368千克水浇灌出来的；同样的，1千克小麦用水513千克，棉花用水648千克，水稻用水竟高达1000千克。一籽下地，万粒归仓，农业的大丰收，水做出了巨大的贡献。

(3) 工业的血液

水，参加了工业生产的一系列重要环节，在制造、加工、冷却、洗涤等方面都发挥着重要的作用，被誉为工业的血液。例如，钢铁厂设备的冷却、轧钢的冷却等，锅炉里更是离不了水，制造1吨钢，大约需用25吨水；工业上作为动力，如用射源流原理做材料的切割；作为媒介参与一些物理反应，如混凝土的固化；作为媒介参与一些反应，如酿酒、食品、食品化工等；食品厂的和面、蒸馏、煮沸、腌制、发酵等离不开水，酱油、醋、汽水、啤酒等，主要成分更是水。

3.2 探寻水的足迹

3.2.1 水资源是个大家族

地球上的总水量约为13.86亿立方千米，其中海洋水约为13.38亿立方千米，约占地球总水量的96.54%，是地球上数量最大的水资源，而且蕴藏着丰富的矿产资源；河流、湖泊、沼泽中的总水量约为19万立方千米，占地球总水量的0.014%，是与人类关系最为密切的淡水资源；大陆冰川总水量约为2406万立方千米，约占全球总水量的1.74%，是地球上最多的淡水资源，但目前难以开发利用；地下水总储量为2340万立方千米，其中淡水1053万立方千米，占全球总水量的0.76%，也是淡水资源的主要来源之一；另外大气总水量约1.29万立方千米，仅占全球总水量的0.0009%，虽然数量不多，但活动能力却很强；地球生物水总量约为0.112万立方千米。

由此可以看出，在全球13.86亿立方千米总水量中，可以被人类利用的水资源仅占了很少的一部分。陆地淡水资源储量仅占地球上水体总量的2.53%，其中固体冰川就占了淡水总储量的68.69%，主要分布在两极地区，在人类目前的技术水平下，还难以开发利用。液态形式的淡水资源，绝大部分是深层地下水，能够开采利用的也很少。目前，人类比较容易利用的淡水资源，主要是河流水、淡水湖泊水以及浅层地下水，储量约占全球淡水总储量的0.3%，只占全球总储水量的0.007%。

中国的河流较多，水资源较为丰富。流域面积在1000平方千米以上的大河流共计1598条，总长达42万千米。流域面积大约667万平方米，地表径流27 800亿立方米，地下径流6000亿立方米。全国水能蕴藏量6.8亿千瓦，占世界总量的13.5%，可开发水能蕴藏量3.78亿千瓦，占到世界总量的16.8%。

中国水资源分布特点：年内分布集中在夏季，年际变化大；黄河、淮河、海河、辽河四流域水量小，长江、珠江、松花江流域水量大；西北内陆干旱区水量少，西南地区水量丰富；水资源总量多，人均占有量少，中国水资源总量居世界第四位，人均占有量仅为世界平均值的1/4；水土资源区域分布不匹配，全国58%的耕地分布在北方地区，但水资源量仅占全国水资源的19%，属于人多、地多，经济相对发达，水资源短缺的地区，其中黄河、淮河流域水资源短缺尤其突出；而南方地区耕地面积占全国的42%，水资源量占全国的81%，属于人多、地少，经济发达，水资源相对丰富的地区。水土资源的不匹配造成我国水旱灾害频发。

3.2.2 生生不息的水循环

为什么天上的雨下不完，河里的水流不尽，海洋里的水不会溢出来？这都是因为水在不停地循环运动。地球上的水包括三大类型：一种叫地表水，如江河、湖泊中的水；一种叫地下水，如土壤岩石中的水；一种叫大气水，包括雨水、雪花、冰雹、大气中的水蒸气等。地表水、地下水和大气水相互联系，形成一个连续的水圈。这个水圈不断地循环运动，被称为水循环。

图3－2　水循环

海洋在水的循环中起着主要的作用。因为海洋占地球总面积的71%，蒸发量最多。据估算，每年从海洋中蒸发掉的水量多达42万立方千米，其中1/3的水汽被气流带入大陆的上空，和陆地上从植物树叶上蒸腾出的水汽混合在一起，在陆地上空遇冷凝结，再以雨和雪的形式落到地面。其余2/3的水汽通过海洋上空的大气降水重新降落到海洋里，构成海洋内部的小循环。据估算，陆地上每年的总降水量约为10万多立方千米，其中有1/3的水，直接以江河湖泊流水的形式重返海洋，或渗入地下，以地下水的形式慢慢流入海洋。还有2/3的水被地面植物暂时截留，或通过地面蒸发和植物蒸腾重新返回陆地上空，这就构成了大陆内部的水分小循环。这样，大海一面不断地向空中蒸发水分，同时陆地上的江河湖泊又源源不断向大海补充水分，如此循环往复，构成了水的大循环。

太阳辐射是构成水分大循环的原动力。自然界的水分循环，从长远的观点来看，总体上是平衡不变的：全球陆地表面和海洋表面的总蒸发量等于陆地表面和海洋表面的总降水量。但是这种自然状态的水分循环，很容易因人类活动的影响而遭到不同程度的破坏。例如，大面积的砍伐森林、围湖造田、修筑水库及大气污染等。

水分循环是自然界最重要的物质循环之一，它与人类的关系十分密切，可以说没有水分循环就没有自然界的一切。因此，我们要积极保护自然生态环境的协调发展，这样才能使水循环更好地为人类服务。

3.2.3 水中的财富

（1）蓝色的宝库——海洋

海洋是一个“蓝色的宝库”。据估算，如果把整个地球的海水加以提炼，可得到550万吨黄金、4亿吨白银、40亿吨铜、137亿吨铁、41亿吨锡、70亿吨锌和137亿吨铝等。可以说陆地上有的，海洋里都有，而且海洋里还有许多陆地上蕴藏不多的而又难于提取的稀有元素，如锶、铀、锂、钡等。这些化学元素都是工农业生产和国防上的重要资源。

海水可以直接作为印染、制药、制碱、橡胶及海产品加工等行业的生产用水。将海水直接用于印染行业，可以加快上染的速度。海水中一些带负电的离子可以使纤维表面产生排斥灰尘的作用，从而提高产品的质量。

近年来，从海水里直接提取镁、铀、碘、溴都取得成功。镁是制造飞机、轮船、汽车的重要材料，海水中镁含量可供人类用1000万年以上。溴在陆地上比较少见，大部分储藏在海洋里。

海洋里还有极为丰富的生物资源，种类多达20万种以上。其中包括各种海生植物、鱼类、贝类等。这些生物不仅是人类的重要食物来源，而且有许多还具有很高的药用价值。据统计，地球上80%以上的生物资源生活在海洋里。

此外，海洋里还蕴藏着丰富的能源资源。据估计，全世界海洋的潮汐能源约为10亿千瓦，仅我国沿海的潮汐能源就有2亿千瓦，人们把潮汐能称为“蓝色的煤海”。对于资源短缺，生态环境污染严重的今天，海洋能源作为新兴的清洁能源，加强其开发利用是各国的共同选择。

（2）大地的乳汁——泉

流动着的地下水涌出地面就称为泉。大气降水是泉水的主要来源，但由于地下地质条件的不同和水流出地面的方式不同，泉又分为多种多样的类型。北京的玉泉，是由于地壳运动使岩层产生断裂，地下水就沿断层面涌出而形成的断层泉。河北涞水县有一个喷鱼泉，每年农历谷雨前后，从泉口会随水喷出达1000千克左右的鱼。在贵州平坎附近还有一眼有趣的“喜客泉”，当你在泉旁鼓掌喧哗时，它会涌出大量气泡，仿佛在向你表示欢迎。

世界上的泉种类很多，除断层泉、虹吸泉、自流泉外，还有温泉、冷泉、间歇泉等。温泉中含有数十种人体必需的常量元素和微量元素。其中尤以偏硅酸、锂、锰、锶、镓等有益微量元素的含量高于普通水。泡温泉对皮肤有保健作用，适度的温度活跃了皮肤的血液循环，改善了皮肤的血液供应。温泉热浴不仅可使肌肉、关节松弛，恢复体力，消除疲劳；还可扩张血管，促进血液循环，加速人体新陈代谢，减轻精神压力。温泉还具有水疗及热敷的效果，尤其对于患骨关节疾病的人。

表 3－1 温泉水温对人体作用

温度级	作用	适应证	治疗时间
34～36 ℃	解热及强壮作用，对神经系统有明显的镇静作用	高血压、早期静脉硬化轻度冠心病、神经功能症、脑血管外伤后遗症、神经衰弱、植物神经失调、更年期综合征等	每次 8～15 分钟，一次不超过 20 分钟，12～21 次为一疗程
37～38 ℃	镇静催眠，缓解血管痉挛作用，能兴奋副交感神经	心血管疾病、高血压、神经衰弱、关节炎、脑溢血后遗症、失眠精神病（康复期）、烧烫伤等	每次 10～20 分钟，一次不超过 30 分钟，12～24 次为一疗程
39～42 ℃	增进全身新陈代谢，兴奋神经	牛皮癣、神经性皮炎、慢性湿疹、肥胖、糖尿病、各种慢性类风湿性关节炎、慢发性盆腔炎	每次 5～15 分钟，一次不超过 20 分钟，12～18 次为一疗程
43～45 ℃	短时间引起兴奋，时间长有明显镇静作用，解痒	关节僵直、神经痛、风湿痛、胃肠病、皮肤病	每次 5～15 分钟，6～12 次为一疗程（高于 39 ℃时，老年人及血管功能不全者慎用）

温泉不仅可以治疗多种疾病，还可以用来发电、取暖和调节空气湿度。在农

业上，温泉可以用来浸种、育秧，也可以用来保护水生植物和鱼类过冬，甚至还能帮助孵化小鸡。

(3) 大地的明珠——湖泊

星罗棋布的湖泊，是地球陆地水的组成部分（彩插3-1，彩插3-2）。世界上湖泊的种类有许多，它们的成因各不相同，大小千差万别，主要有岩溶湖、冰川湖、火山湖、构造湖等。

世界上大部分湖泊是淡水湖，但也有咸得出奇或带有甜味的。著名的死海就是一个含盐度很高的咸水湖，由于盐水密度高，湖里没有生物，人可以像一根木头似的漂浮在水面上。在俄罗斯乌拉尔山地区有一个甜水湖，湖水带有甜味，而且含有大量的碱，在这个湖里洗衣服是不需要用肥皂的。在拉丁美洲的巴哈马群岛上有一个更为奇妙"火湖"，因为湖中生存着一种含有荧光素的会发光的浮游生物，所以每当夜晚来临，湖面就会泛起点点的火光，远远望去宛如城市中的万家灯火。

此外，湖泊还是鱼类、鸟类的栖息地，其物种资源十分丰富。如我国的青海湖，是我国最大的内陆湖、咸水湖，是斑头雁、鱼鸥、鸬鹚等10多种候鸟繁殖生息的场所，春夏季节栖息着10万多只候鸟。湖中盛产湟鱼，是我国西北地区最大的天然鱼库。四五月间，鱼群游向附近河流产卵，布哈河口密密麻麻的鱼群铺盖水面，使湖水呈现黄色，鱼儿游动有声，翻腾跳跃，异常壮观。

3.3 饥渴的地球——水资源短缺

3.3.1 水资源减少

在全球水资源中，陆地淡水仅占6%，其余94%为海洋水。而在陆地淡水中，又有77.2%分布在南北极，22.4%分布在很难开发的地下深处，仅有0.4%的淡水可供人类维持生命。自然界所能提供的淡水资源是有限的，而随着社会经济的不断发展，人类对淡水资源的需求是不断增加的。因此，水资源供需矛盾将会成为制约社会经济发展的重要因素。

21世纪以来，随着人口膨胀与工农业生产规模的不断扩张，全球淡水用量飞快增长，全世界每天消耗的淡水量超过 9 万亿升，淡水资源逐渐缺乏。联合国在对世界范围内的水资源状况进行分析研究后发出警告：“世界缺水将严重制约下个世纪（21 世纪）的经济发展，可能导致国家间的冲突。”同时指出，全球已经有 1/4 的人口面临着一场为得到足够的饮用水、灌溉用水和工业用水而展开的争斗。联合国环境规划署发表的《2000 年全球环境展望》报告指出：预测到 2025 年，全世界将有 2/3 的人口面临严重缺水的局面。缺水区在亚洲占 60%，在非洲占 85%。对于中东地区来说，缺水危机已经成为严酷的现实。

3.3.2 水资源污染

水资源污染也是引发水资源短缺危机的重要原因。随着社会经济的发展和城市化进程的加快，排放到环境中的污水量日益增多。据统计，目前全世界每年约有 420 多万立方米污水排入江河湖海，污染了约 5500 万立方米的淡水，约占全球总径流量的 14% 以上。水资源污染造成的“水质型缺水”，加剧了水资源短缺的矛盾和居民生活用水的紧张与不安全性。

水体是一个完整的自然综合体，它是海洋、河流、湖泊、沼泽、水库及地下水的总称。一般来说，水体本身有自净能力，即水环境对污染物质都具有一定的承受能力，即水体的环境容量。水体能够在其环境容量的范围内，通过物理、化学和生物的作用，使排入的污染物质的浓度和毒性随着时间的推移在向下游流动的过程中自然降低，我们称之为水体自净作用。但当排入水体的污染物超过了水体所能承受的环境容量，就会导致水体的物理特征、化学特征和生物特征发生不良变化，破坏水体中固有的生态系统和功能，我们称之为水体污染。水体污染将会严重影响社会经济的发展和人类的健康生活。

人类是水环境污染的始作俑者，我们向水体排放大量未经处理或处理未达标的工业废水、生活污水和各种废弃物等，造成水质恶化、水体污染。工业生产过程中产生的大量工业垃圾和废水，是造成目前世界性水污染的主要原因。工业产生的垃圾，包括矿业尾矿、粉尘、废渣、有毒废料等，这些物质随水渗入土壤，从而污染地下水；同时也会随着雨水渗入到水网，被植物摄入，再通过食物链进入人体，长期累积难以排除，会损害神经系统、造血功能和骨骼，甚至可能引发癌症。

农业也是水体污染的一个重大污染源。近年来随着农药、化肥的使用量日益增多，农村水环境污染问题也越来越严峻。因为农业生产所使用的农药和化肥只有少量被植物附着或被吸收，其余绝大部分残留在土壤之中或者漂浮在大气中，通过降雨和地表径流的冲刷进入地表水或渗入地表水形成污染。另外是大中型集约化的禽畜养殖场的不断兴建，未经处理的禽畜粪便的排放量也急剧增加，造成地表水、饮用水的严重污染，给农村生活用水带来了严重的危害。

城市人口集中，生活污水、垃圾和废气的增加也是引起水体污染的重要原因。生活污水主要是生活中的各种洗涤水，其成分比较复杂，多为无毒的无机盐类、需氧有机物类、病原微生物类等。

一些国家已经认识到在国际河流、湖泊和地下水的管理上必须努力合作，但仍有许多国家不接受国际社会制定的各种约束和规定，造成水资源管理的困难。这些国家以本地区的利益为目的，不计后果地过度开发、利用和污染地表水和地下水，加剧了其他国家或地区的水资源短缺危机。

3.3.3 大自然的警示

2007年5月29日开始，江苏省无锡市城区的大批市民家中自来水水质突然发生变化，并伴有难闻的气味，无法正常饮用。无锡市民饮用水水源来自太湖，造成这次水质突然变质的原因是：无锡市区域内的太湖水位出现50年以来最低值，再加上天气连续高温少雨，太湖水富营养化较为严重，从而引发了太湖蓝藻的提前暴发，影响了自来水水质。

2007年6月，巢湖、滇池也不同程度地出现蓝藻。安徽巢湖西半湖出现了区域在5平方千米左右的大面积蓝藻。由于西半湖不作为饮用水源，所以对当地影响不大，但随着持续高温，巢湖东半湖也出现蓝藻。与此同时，昆明滇池也因连日天气闷热，蓝藻大量繁殖。在滇池海埂一线的岸边，湖水如绿油漆一般，并伴随着阵阵腥臭。太湖、巢湖、滇池蓝藻的连续暴发，为“三湖”流域水污染综合治理敲响了警钟（彩插3-3）。

1994年7月，淮河上游突降暴雨，水库水位急骤上涨超过防洪警戒线，因此开闸泄洪。水经之处河水泛浊，河面上泡沫密布，鱼虾顿时丧命。下游一些地方居民饮用了河水后，出现恶心、腹泻、呕吐等症状。经取样检验得出淮河上游水质恶化，沿河各自来水厂被迫停止供水达 54 天之久，百万淮河流域民众饮水告急，不少地方花高价远途取水饮用，有些地方出现居民抢购矿泉水的场面，这就是震惊中外的“淮河水污染事件”。

最后一滴水会不会真的是人类的眼泪？面对地球“窘迫”的水资源，我们究竟应该怎么办呢？而答案就在我们自己身上，在地球上每一个人的生活当中。珍惜水资源，杜绝浪费，使水资源有一个良性循环是我们唯一的选择！

3.4　地球的血液在减少——地下水危机

3.4.1　地球的血液在流失

地下水是一个庞大的家庭。据估算，全世界的地下水总量多达 1.5 亿立方千米，占地球总水量的 1/10，比整个大西洋的水量还要多！

地下水泛指储存于包气带（包气带是指位于地球表面以下、潜水面以上的地质介质）下地层孔隙，包括孔隙介质、裂隙介质和岩溶介质之中的水。地下水主要来源于大气降水和地表水的入渗补给；同时以地下渗流方式补给河流、湖泊和沼泽，或直接注入海洋；上层土壤中的水分则以蒸发或被植物根系吸收后再散发入空中，回归大气，从而积极地参与了地球上的水循环过程，以及地球上发生的溶蚀、滑坡、土壤盐碱化等过程，所以地下水系统是自然界水循环大系统的重要亚系统。

地下水作为地球上重要的水体，与人类社会有着密切的关系。地下水的储存有如在地下形成一个巨大的水库，以其稳定的供水条件、良好水质，成为农业灌溉、工矿企业以及城市生活用水的重要水源，是人类社会必不可少的重要水资源，尤其是在地表缺水的干旱、半干旱地区，地下水常常成为当地的主要供水水源。据不完全统计，20 世纪 70 年代以色列 75% 以上的用水依靠地下水供给；法国的地下水开采量，要占到全国总用水量的 1/3 左右；像美国、日本等地表水资源比较丰富的国家，地下水亦要占到全国总用水量的 20% 左右。

中国地下水的开采利用量占全国总用水量的10% ~15%，其中北方各省区由于地表水资源严重不足，地下水开采利用量巨大。根据统计，1979 年黄河流域平原区的浅层地下水利用率达 48.6%，海河、滦河流域更高达 87.4%；1988 年全国 270 多万眼机井的实际抽水量为 529.2 亿立方米，机井的开采能力则超过 800 亿立方米。

地下水的过量开采和不合理的利用，造成了地下水位严重下降，形成大面积的地下水下降漏斗，在地下水用量集中的城市地区，还会引起地面沉降，在沿海地区还易造成海水渗入，造成地下水咸化。此外工业废水与生活污水的大量入渗，常常对地下水源造成严重的污染，危及人们的健康生活。

3.4.2 地球的血液中毒了

2011 年，全国共 200 个城市开展了地下水水质监测，共计 4727 个监测点。2011 年全国地下水优良 - 良好 - 较好水质类别水质监测点的比例为 45.0%，较差 - 极差水质的监测点比例为 55.0%。其中，4282 个监测点有连续监测数据。与上年相比，17.4% 的监测点水质好转，67.4% 的监测点水质保持稳定，15.2% 的监测点水质变差。176 个城市有连续监测数据。与上年相比，65.9% 的城市地下水水质保持稳定；水质好转和变差的城市比例相当，水质好转的城市主要分布在四川、贵州、西藏、内蒙古和广东等省（自治区），水质变差的城市主要分布在甘肃、青海、浙江、福建、江西、湖北、湖南和云南等省。

虽然地下水资源评价结果表明我国地下水水质状况总体来说较好，但是，由于城市生活用水与工业“三废”不合理或不达标排放量的迅速增加，农牧区农药、化肥的大量使用，导致我国地下水污染日益严重，呈现由点到面、由浅到深、由城市向农村的扩展趋势。

地下水污染是由于人为因素造成地下水水质恶化的现象。主要有工业废水直接向地下排放，受污染的地表水侵入到地下含水层中，人畜粪便或因过量使用农药而受污染的水渗入地下等。污染的结果是使地下水中的有害成分如酚、铬、汞、砷、放射性物质、细菌、有机物等的含量增高，危害人类健康。

地下水污染与地表水污染有一些明显的不同之处：地下水污染是由于污染物

进入了含水层，而污染物在含水层中运动都是比较缓慢的，污染的发生往往比较缓慢，如果不进行专门监测，很难及时发觉；发现地下水污染后，确定污染源也不像地表水那么容易，更重要的是地下水污染很难消除。排除污染源之后，地表水可以在较短时期内达到净化；而地下水，即便排除了污染源，已经进入含水层的污染物仍然很难消除，将长期产生不良影响。

3.4.3 地下水危机的隐患

（1）开采漏斗

据报道，由于多年的地下水超采，华北平原已经成为世界上最大的“漏斗区”。一项研究结果显示，包括浅层漏斗和深层漏斗在内的华北平原复合地下水漏斗，面积达73 288平方千米，占总面积的52.6%。出现这种问题的地区远不只是华北，在我国，北至哈尔滨、西到乌鲁木齐、东达上海、南到海口，几乎所有大中城市都存在因超采地下水而出现地下水位漏斗，尤其是在有松软冲积层分布的平原、盆地、河谷中的城市更为严重。

（2）地面沉降

地面沉降主要是由于连年超采地下水，水位持续下降所造成的。其中华北地区由于人口众多且地表水分布不均匀，使得地下水成为华北经济可持续发展的重要支柱，很多城市的地下水开采量已占总供水量的70%以上。地下水的过量开采使得华北成为地面沉降的重灾区。近些年来随着我国城市化和工业化进程的加快，地面沉降呈现出向中小城市和农村扩展的局面。地面沉降造成的损失是非常严重的，除了给城市建筑物、地下管道造成破坏以外，更直接的影响就是经济损失。根据相关部门估算，华北平原地面沉降造成的经济损失累计达3328.28亿元。

（3）岩溶塌陷

岩溶塌陷绝大多数分布于碳酸岩分布的岩溶强烈和中等发育地区。而近年来由于地下水以及矿山排水等大规模集中开采，造成岩溶塌陷现象频繁发生，呈现出向城镇和矿山集中的趋势，规模越来越大，损失不断增加。我国岩溶塌陷分布广泛，已遍布全国23个省区，给国民经济建设和人民生命财产安全带来严重威

图 3－3　地面沉降

胁。据不完全统计，全国 23 个省（自治区、直辖市）共发生岩溶塌陷 1400 多例，塌坑总数超过 4 万个，造成了巨大的损失。例如，2003 年 8 月 4 日，广东阳春市岩溶塌陷造成 6 栋民房倒塌、2 人伤亡、80 多户 400 多人受灾；2000 年 4 月 6 日武汉洪山区岩溶塌陷造成 4 幢民房倒塌，150 多户 900 多人受灾；贵昆铁路发生的列车颠覆事件也是由于岩溶塌陷而导致的。

（4）海水入侵

目前全世界范围内已有 50 多个国家和地区的几百个地段发现了海水入侵，主要分布于社会经济发达的滨海平原、河口三角洲平原及海岛地区。20 世纪 80 年代以来，我国渤海、黄海沿岸不同程度地出现了海水入侵加剧现象，其中以山东省莱州湾沿岸最为突出。海水入侵使地下水产生不同程度的咸化，给当地人民饮水带来了严重的困难，并且使土地发生次生盐渍化，多数农田减产，个别地方甚至绝收。据估算，莱州湾地区由于海水入侵造成 8000 多眼农用机井报废，40 万人饮水困难，60 万亩耕地丧失生产能力，粮食累计减产 30 亿～45 亿千克，直接经济损失高达 40 多亿元。

3.5 大海的幽灵——赤潮

3.5.1 水体富营养化

水体的富营养化，是指湖泊、水库、河口、缓流的河流及近海水体中营养物质（一般指氮、磷等营养物）过量积累，引起水生单细胞藻类和大型水生植物异常繁殖生长，水体透明度降低，植物残体腐烂发臭，溶解氧耗竭，水质恶化，一些浮游生物产生对动物和人体有害的毒素的过程。

在自然条件下，水体由贫营养状态发展到富营养的状态是非常缓慢的自然过程，湖泊水体从贫营养阶段演变到富营养阶段，继续演变到沼泽地，再演变成陆地，整个过程极为缓慢，需要几千年甚至几万年的时间，而且湖泊的发生、发展和消亡也受到地质地理条件的制约。

在富营养化水体中出现的生物主要是微型藻类，这些微生物能够源源不断地得到营养而繁殖，死亡后通过腐烂分解，营养元素又释放到水体中，供更多的生物利用。大量的生物残体堆积到水底，使湖泊逐渐变浅，直至成为沼泽。一些高山极地湖泊的富营养化，大多属于这种天然的富营养化。

人为的水体富营养化是在人类活动的影响下发生的，可以在短时间内出现。例如，人为破坏植被或过量使用化肥，排放含有营养元素的工业废水和生活污水，造成地表径流、湖泊或近岸海域富含营养元素，均可以引起水生单细胞藻类和其他微生物的过度繁殖，使溶解氧迅速降低，水体富营养化在短期内迅速出现。

由于富营养化水体中占优势的浮游生物种类不同，水体会呈现不同的颜色，如蓝色、红色、棕色、乳白色等。这种现象发生在江河湖泊中称为“水华”，在海洋中则称为“赤潮”。海水中的某些微生物在短时间内大量繁殖或聚集，使海水颜色发生变化，显现红色、黄色或褐色，因此称为赤潮。“赤潮”这个名字由来已久，实际上赤潮不一定都是红色的，引发赤潮的颜色的因生物种类和数量不同而呈现出不同颜色。如夜光藻、中缢虫等形成的赤潮是红色的；裸甲藻赤潮则多呈深褐色、红褐色；角毛藻赤潮一般为棕黄色；绿藻赤潮是绿色的；一些硅藻赤潮一般为棕黄色。因此，赤潮实际上是各种色潮的统称。

图3－4 发生赤潮的海洋

另外，海水养殖的自身污染也是引发赤潮的重要因素之一。随着沿海养殖业的迅速发展，尤其是对虾养殖业的蓬勃发展，给海湾带来了严重的污染。在对虾养殖中，由于投饵量偏大，池内残存饵料过多，严重污染了养殖水质。另一方面，由于虾池每天需要排换水，所以每天都有大量污水排入海中。这些带有大量残饵、粪便的水中含有氨氮、尿素、尿酸及其他形式的含氮化合物，加快了海水的富营养化，为赤潮生物提供了适宜的生存环境，使其增殖加快，特别是在高温、闷热、无风的条件下最易发生赤潮。

3.5.2 赤潮的危害

赤潮是一种严重的海洋灾害，会使海水水体中的氧气大量被消耗，造成海洋生物窒息死亡。有些赤潮生物还能够释放毒素，毒死吞食赤潮生物的鱼类和贝类，再通过食物链进入人体危害人类。大量的赤潮生物还能遮蔽照射到水下的阳光，影响海洋生物的光合作用，进而影响海洋食物链的正常循环。

美国和日本曾是世界上赤潮频发的两个国家。20世纪50年代到60年代中期，美国佛罗里达州沿岸几乎每年都有赤潮发生，造成了鱼、虾、贝类的大量死亡，就连以这些生物为食的海龟、海豚也不能幸免。据日本1979年的统计，在全部的海洋污染事件中，赤潮占87%。自1970年以来，赤潮已成为日本一种不可避免的海洋灾害。以濑户内海为例，1955年前就发生过5次赤潮，而1959～1965年的7年间就发生了39次，1980～1996年的17年间竟先后发生了2589次，其中造成严重危害的有305次。1975年和1976年，日本每年发生赤潮都在300次以上。据统计，1965～1973年的9年间，日本全国因赤潮造成的渔业经济损失高达2417亿日元，平均每年几百亿日元。

近年来，我国海洋发生赤潮的次数越来越多，东海海域是赤潮的频发区，主要有长江口海域、舟山群岛、厦门港附近海域、象山港、罗源湾、三门湾等，给我国的海洋养殖业带来几十亿元的经济损失。我国海域赤潮记录在20世纪50年代以前仅有3次，60年代1次，70年代发生了9次，80年代发生了29次；90年代后，更是有增无减，仅1990年就发生了34次；1998年9月，我国渤海锦州湾海域发生赤潮现象，呈褐红色的赤潮海域有3000平方千米，是自1933年首次报道发生赤潮以来面积最大的一次。2001年我国海域共发生赤潮77次，累计面积达1.5万平方千米，造成经济损失10亿元人民币。赤潮不仅使渔业遭受了巨大的经济损失，危及人类的健康，也使近海及沿岸生态系统遭到了严重的破坏。

赤潮发生后会破坏渔场的饵料基础，造成渔业减产。赤潮生物的异常繁殖，可堵塞鱼、虾、贝类等经济生物的鳃，使其窒息而死。赤潮后期，赤潮生物大量死亡，在细菌分解作用下，可造成环境严重缺氧或者产生硫化氢等有害物质，使海洋生物缺氧或中毒死亡。有些赤潮生物的体内或代谢产物中含有生物毒素，能直接毒死鱼、虾、贝类等生物。这些鱼、虾、贝类如果不慎被人食用，容易引发食物中毒，甚至造成死亡。1986年底，福建东山岛居民因食用含有赤潮毒素的海鲜，发生136人中毒的恶性事故。1983年菲律宾发生一起赤潮，有278人中毒，死亡21人。赤潮对海洋生态环境造成的破坏是难以估量的。在赤潮发生时，由于少数赤潮藻类的异常性增殖，会造成海水pH值升高、黏稠度增大，破坏浮游生物的生态系统群落结构。当赤潮生物藻过度密集而死亡时，又会造成海域大面积的缺氧，甚至无氧，造成海洋生物的大量死亡。赤潮生物体腐解又会产生大量的有害气体和毒素，促使海水变色、变质，破坏原有的生态系统结构与功能，极大地降低海水的使用价值。

3.6 喝出来的疾病——富含重金属的水源

猫也会发疯，甚至跳海自杀，这样的话你肯定不会相信，但是这样的事却实实在在地发生了。20 世纪 50 年代初，在日本熊本县水俣湾附近的小渔村中就发生了这样的奇闻。1953 年，也是在水俣湾，起初有一个人口齿不清，面部痴呆，后来耳朵聋了，眼睛瞎了，全身麻木，最后神经失常，高声号叫而死。当时，人们不知道这是什么病。直到 1956 年，又有 96 人得了同样的病，其中 18 人死亡。此后，以熊本大学为主组成医学研究所，开始对这种病进行大量的调查研究，并把猫死人病的现象联系起来进行分析，终于找到了致病的根源。原来，这是由于当地人食用了富集了甲基汞的鱼、贝类等水生生物而引起的中枢神经性疾病。因为最早发生在日本熊本县水俣湾附近，所以称为水俣病。

那么，生物体内的甲基汞是从哪里来的呢？原来甲基汞的根源来自水俣镇附近的一家氮肥厂。这家工厂把大量含有甲基汞的废水、废渣排放到了水俣湾。甲基汞进入水体后，靠水体自净能力很难消除，就使鱼、贝类体内富集了大量的甲基汞。人或动物吃了含有甲基汞的鱼、贝类，导致生病死亡。

除了汞之外，矿冶、机械制造、化工、电子、仪表等工业生产过程中产生的其他重金属废水，如含有铬、镉、铜、汞、镍、锌等重金属离子的废水也是造成水体重金属污染的工业废水之一（彩插 3-4）。

在天然的水体中只要有微量重金属就可以产生中毒效应。重金属在进入人体后，会和人体内的某些酶结合，抑制人体必需的蛋白质的合成，影响人体正常生理活动；或是抑制酶活性，影响人体内离子调节，改变蛋白质的结构，使蛋白质凝固、变性、失去活性；有些重金属还能影响神经系统，抑制和干扰神经系统功能。例如铅能引起血红蛋白合成的障碍；汞与体内蛋白结合后可由半抗原成为抗原，引起变态反应，导致肾病综合征。

水体中含有重金属有这么大的危害性，有什么解决措施呢？废水中的重金属多为非降解型有毒物质，不具备自然净化能力，一旦进入环境就很难从环境中清除出去。而且富含重金属的废水是各种常用水处理方法不能分解的，只能转移它们的存在位置和转变它们的物理化学状态。因此，重金属废水应当在产生地点就地处理，不能同其他废水混合。目前水体重金属污染的治理方法主要有稀释法、混凝沉淀法、离子还原法和生物修复法等。其中，生物修复技术因其经济、高效、环保的特点受到广泛的关注。

3.7 保护生命之水

水资源是我们人类赖以生存、延续和发展的基础。随着社会生产力的不断发展和经济水平的不断提高，水环境治理的呼声越来越高，水生态环境已经成为人口、资源、环境与经济协调发展的一个关键因素。保护水环境已经成为当务之急，必须加强对水资源的管理与保护，实现水资源的可持续利用。

3.7.1 还污水以纯净

莱茵河全长 1320 千米，流经瑞士、法国、德国、荷兰等国家。莱茵河流域总面积为 22.4 万平方千米，至少有 2000 万人口以莱茵河作为直接水源。

在德国，莱茵河不仅是重要的饮用水源，还作为航运、发电、灌溉和工业用水，被德国人视为“父亲河”。二十世纪五六十年代莱茵河水质开始遭受污染，每天有 5000 万 ~ 6000 万吨的工业废水和生活污水被排放入莱茵河。其中，1972 年莱茵河遭受的污染最为严重，部分河段水中化学需氧量（COD）质量浓度达到 30 ~ 130 毫克/升，生化需氧量（BOD）质量浓度达到 5 ~ 15 毫克/升，溶解氧（DO）质量浓度接近于零，几乎完全丧失自净能力。莱茵河失去了昔日的风采，留下了“欧洲下水道”的恶名，其水质之恶劣如同今日之淮河。

为了改善莱茵河的水质，使莱茵河重新恢复昔日的光彩，莱茵河流域国家做了一系列的努力。德国在本国境内莱茵河沿岸，建设了一系列污水处理净化设施，并采用向河中充氧的措施，来进行水污染的治理与预防。1950 年，荷兰、德国、法国、瑞士和卢森堡在巴塞尔成立了“保护莱茵河国际委员会”，总体指挥协调莱茵河的治理工作。

1980～2005年，莱茵河流域国家为莱茵河的污染治理工作投入的资金多达200亿～300亿欧元。经过一系列努力，莱茵河水环境治理取得了非常好的效果，河中的有毒有害物质明显减少，大部分河段达到了E类水质标准，符合饮用水水源的要求。水体的生态功能得到恢复，水体微生物种群上升到正常水平，鱼类品种不断增加，流域的社会经济得到健康和持续的发展。

近年来我国社会经济发展迅速，但是由于产业结构不合理，科技水平落后，我国的工业化过程重走了西方发达国家的老路，造成水环境的严重污染。面对日益严重的水环境污染，我国应当怎么做呢？

从莱茵河的治理经验来看，一个强有力的具有综合决策和协调手段的流域管理机构是治理流域水污染的基本条件，而由于我国对流域的用水、管水、治水等工作分散，权力机构各自为政缺乏统一规划，极大地影响了治水效果。我国虽然也成立了淮河水利委员会等机构，但他们不属于权力机构，除了从事具体的技术工作外，无权过问行政及经济方面的事务，对区域水环境的治理所起的作用有限。

分析各河流、湖泊等水体污染的原因，其污染的造成均直接或间接与工业废水、生活污水的未达标排放有关。所以，需要制定严格的污水排放标准，控制排放总量，使每条河流都达到相应的水质标准；对各个企业都要进行严格的控制，对违法排放的企业进行严厉的惩治；同时需要提高城市及农村生活污水收集普及率和处理率，逐步恢复自然水体的生态功能。

从国外治理经验可以看出，水环境治理的效果并不是立竿见影的，政府在水环境的治理中都投入了大量的资金，也经历了相当长的时间。对比这些成功的案例，我们对水环境的治理所投入的资金和做出的努力还远远不够。总之，我们必须改变“先污染后治理”的工业化道路，使社会经济和生态环境协调发展。

3.7.2 节水有妙招

英国伦敦市长利文斯顿在出席一个增强节水意识的公共教育活动时提出：“我所要求的，只是伦敦人在丝毫不影响生活质量的前提下，对某些用水习惯做些小调整。”如果伦敦用水短缺的情况继续恶化的话，他将向政府要求立即实行用水管制措施，改变使用抽水马桶的习惯也是他的节水措施中一个组成部分。

2004 年，在伦敦举行的全英国发明展的组委会把最高奖颁给了一名设计马桶的小伙子。在他的设计中，马桶水箱里安装了一个特别装置，只有在受到较大外力的按压下才会冲水。安装了这个装置的马桶每次冲水时会节水 47%，每年可以为每户节省约 50 英镑的水费。

美国环保署（EPA）从改变不良用水习惯和使用节水产品两方面采取措施，同时兼顾到家庭用水的各个环节来节约用水。节水原则为：一是不用水的时候不让水空流；二是及时修理自来水管道系统的任何渗漏，减少水资源的浪费。

美国环保署目前正在推行节水产品市场促进计划。家用节水产品主要是水龙头、淋浴喷头、马桶和洗衣机。1992 年，美国国会立法要求所有在美国出售的马桶必须达到一次耗水量不超过约 7. 3 升，淋浴喷头要求每分钟水流量不超过 11. 4 升的标准。

德国是淡水资源丰富的国家，雨水较充沛，但政府却号召“人人拧紧水龙头”。为了节约用水，德国出台了框架式的水法律条文，各州都有具体的水法规，地下水的抽取量、抽水地点及时间等都有明确的规定，由各州水管理部门根据法律规定发给许可证。环境部门专门建立网站，向公众介绍节约用水的小窍门，比如，给花园浇水最好用雨水，而且最好在早晨或晚上浇水，这样可以减少水分蒸发造成的损失。同时倡导市民改变个人用水习惯，使用淋浴而不是浴缸洗澡，购买节水型抽水马桶、洗衣机等。

此外，德国的雨水利用率也很高。从 20 世纪 80 年代开始，世界各国就开始探索雨水资源合理利用。德国是欧洲地区开展此项工程较好的国家之一。德国的城市雨水利用方式主要有三种：第一，屋顶雨水收集系统。收集下来的雨水主要用于家庭、公共场所和企业的非饮用水。法兰克福的一个苹果榨汁厂，更是把屋顶集下来的雨水作为工业冷却循环用水，成为工业项目雨水利用的典范。第二，雨水截污与渗透系统。道路雨水通过下水道排入沿途大型蓄水池或通过渗透补充地下水。德国城市街道雨水管道口均设有截污挂网，以拦截雨水径流携带的污染物。第三，生态小区雨水利用系统。小区排水道建有渗透浅沟，表面植有草皮，供雨水径流流过时下渗。超过渗透能力的雨水则进入雨水池或人工湿地，作为水景或继续下渗。

日本的厕所很注意节约用水，有很多地方冲洗厕所用的都是再生水。日本的水龙头大多有伸手即出水的触动感应装置，而且不少水龙头像淋浴喷头那样通过许多细孔喷水，既可满足洗手用水，又不浪费水。日本的各大企业都竞相开发节水产品，如节水洗碗机、节水洗衣机等。例如，有的洗碗机从各个角度喷出细细的水流，用水量仅为用手洗碗的几十分之一。松下公司开发的洗衣机，滚筒上方呈斜面，可节约一半的用水，深受人们的欢迎。

澳大利亚被认为是最干旱的大陆，非常重视节约用水，政府要求尽量减少用水时的无故流失，包括蒸发浪费。比如，要求居民在清晨修剪草坪、给室外游泳池加盖等，另外还充分利用湿地和泻湖等自然环境蓄集降水和过滤污水，既节省了水资源又达到了保护环境的目的。

西非国家摩洛哥水资源匮乏，人均淡水拥有量非常低，政府对水源管理和开源节流工作非常重视。摩洛哥政府还开展了“节约每滴水”的项目，主要针对接待游客的酒店宾馆，目标是节约5%～25%的游客用水。据估算，一个中型宾馆一个月所耗水量，达到一个摩洛哥六口之家数年的用量，或是能够维持一个2200人的村庄生活一年。

以色列约2/3的土地为沙漠，水资源严重不足，这也促使以色列在水处理的技术和理念上始终处于世界领先水平。以色列污水回收利用率是75%（2011年统计数据）。以一家企业产品为例，看起来像一个简单的方形塑料盘子，但实际上是特殊材料制成的集水装置，这种盘子在以色列沙漠地区一晚上收集的露水能达3升之多。

另外，以色列为达到节水的目的还专门制定了《水利法》，成立了国家水利管理委员会，主要负责全国水资源的开发、利用和管理，而且出台了一系列节水及用水管理的规章制度，并在全国范围内实施用水配额制度，农业每年的配额为13亿立方米，城市日常用水的配额为7亿立方米。为了保证节水，一是上调水价，二是超额用水加倍付钱。此外，通过媒体大力宣传节约用水，增强全民的节水意识。加大污水再利用力度，每年将2亿多立方米处理过的中水用于农业灌溉，并积极开发咸水浇灌技术。大力推广节水的小诀窍和农业滴灌、根灌技术，对冲洗汽车和浇灌花园用水都有严格规定，违反规定、浪费用水者都要受到重罚。

3.7.3 节水光荣

“国家节水标志”由水滴、人手和地球变形而成。绿色的圆形代表地球，象征节约用水是保护地球生态环境的重要措施。标志留白部分像一只手托起一滴水，手是字母J、S的变形，寓意“节水”，表示节水需要公众参与，鼓励人们从我做起，人人动手节约每一滴水，手又像一条蜿蜒的河流，象征滴水汇成江河。

图3-5 中国国家节水标志

当我们抱怨空气污染、沙尘暴频繁、生存环境越来越恶劣时，何不从自己做起，从我们身边的小事做起。九层之塔，起于毫木，哪怕是节约一滴水、一度电、一粒粮，日积月累就是看不见的财富。节约用水，人人有责！

如果我们在家庭生活中，多多注意，调整使用的先后顺序，那么节水的效果将不可估量。此外，在家庭日常生活中，还应经常教育家庭成员要节约用水，出门时要检查一下水龙头是否拧紧，防止因停水忘记关水龙头而造成水资源流失浪费现象等。

水是生命的源泉、农业的命脉、工业的血液。只有大家都注意节约用水，水资源危机才能远离我们而去，生活才会安定和谐，环境才会优美舒适。节约是中华民族的传统美德，节约用水更需要全社会的共同努力。作为社会的一分子，每个人都要增强节水意识，从小事做起，共同行动，坚持不懈，节约每一滴水，构

WATER FOR LIFE
2005–2015

图3–6　世界水日标志

建和谐社会，共创美好未来。

水资源短缺危机已经是全球性的事实，无数有识之士为此忧心忡忡。早在1977年联合国就召开水会议，向全世界发出严重警告：水不久将成为一个深刻的社会危机，继石油危机之后的下一个危机便是水。把水看成取之不尽、用不之竭的时代已经过去。1993年1月18日，联合国大会通过决议，将每年的3月22日定为“世界水日”，用以开展广泛的宣传教育，提高公共开发和保护水资源的认识。

居住在地球上的每一个人，都应该具有危机感。从今日起，我们都要把节约用水当作我们的责任，每人每天节约一滴水，那么全世界加起来的节水量是不可估量的。把每日都当作3月22日，让节约用水成为我们每天的任务，让我们的生活因节约而美好。

上善若水，水善利万物而不争。水是万物之源，是自然界不可缺少的物质。有了水，才构成这个蔚蓝的星球；有了水，整个世界才有生命的气息；有了水，我们的世界才变得生机盎然；有了水，我们才有了秀美的山川、清澈的溪水、蔚蓝的海洋。地球上的水资源总量是丰富的，但是淡水资源却是十分有限的，再加上人类的不合理利用，浪费现象严重，水资源短缺危机已经成为人类生存发展面临的主要危机之一。在水资源短缺危机日趋严峻的情况下，世界性水资源污染也日益加重，加剧了人类生活用水的不安全性。面对地球日益窘迫的淡水资源，人类必须加以反思，探讨保护水资源的新方法、新思路。人人都应该树立节约用水、保护水环境的意识，使我们的地球变得越来越美好。

4　万物土中生

“有土斯有人，万物土中生”，这是古今中外，众人皆知的道理。土地是人类赖以生存的基础，很难想象脱离土地人类将会怎样。即使在科学技术高度发展的今天，甚至在遥远的将来，人类社会这个整体，包括生产活动和社会活动在内都很难离开土地而存在。由于土地对人类生存有显而易见的重要性，在人类整个社会发展史上，土地一直备受重视，一直被视为财富的象征。例如，我国古籍《孟子·尽心下》中就有“诸侯之宝三：土地、人民、政事”之记载，把土地置于三宝之首。我国古代学者管仲也认为，“地者，万物之本源，诸生之根菀也”。这些思想都充分体现了土地对于人们的重要性和人们将土地视为宝贵财富的价值观念。马克思也曾在《资本论》中精辟地指出，“劳动力与土地，是财富两个原始的形成因素”，对土地的重要性做出了高度概括。

4.1　大地母亲，我们爱得深沉

4.1.1　土地 = 土壤?

人类对土地利用有着悠久的历史，但对于土地的真正意义上的科学认识，却是近几十年的事。在很长一段时间内，许多研究学者没有真正地把土地与土壤的概念区分开来，甚至把两者视为同义词。时至今日，即使在概念上已经将两者加以区别，但也只是认为土壤是土地的重要组成部分，在具体的阐述上却仍有部分人将两者混为一谈。

“土地”科学概念的形成，经历了很长时间的发展和提炼过程。1968 年澳大利亚的斯图尔特给土地下了如下的定义：土地是地表的立体垂直剖面，从空中环境直到地下的地质层，并包括动植物群体及过去和现在与土地相联系的人类活动。荷兰学者 I. S.索内凡匀特认为，土地是总括的、整体的东西，与景观生态学和景观学中所说的“景观”的使用方法相同。显然，这一概念和斯图尔特的概念有些相似。

联合国粮农组织将土地的概念加以概括，于 1972 年提出了土地的概念：土地包含地球特定地域表面及其以上和以下的大气、土壤及地质基础、水文和植物。它还包含这一地域范围内过去和目前人类活动的种种结果，以及动物就它们对目前和未来人类利用土地所施加的重要影响。首次将人类活动的影响引入到土地的概念中。

4.1.2 土地的奉献

(1) 耕地——生存之基

民以食为天，食以地为本。耕地是粮食的生产基地，是人类赖以生存的基本源泉和条件。耕地提供了人类生命活动所需的80%以上的热量、75%以上的蛋白质和人类88%的食物。耕地是国民经济积累的重要来源，是轻工业的主要原料基地。据粗略估算，新中国成立以来，种植业的生产积累占到国民经济总积累的1/4～1/3。耕地还是社会稳定发展的基础，我国70%的人口生活在农村，耕地是农民维持生存所必需的物质生产资料，它直接、间接地为农民提供了40%～69%的经济收入和60%～80%的生活必需品。同时，耕地也是城市居民基本生活资料的重要来源。

(2) 矿产——发展之柱

当今世界92%以上的一次性能源、80%以上的工业原料、70%以上的农业生产资料，都是取自矿产资源。矿产资源是地球赋予人类的宝贵财富，是人类社会赖以生存和发展的重要物质基础和制约因素。矿产资源对人类社会具有重要价值。

矿业是国民经济的支柱产业。人类物质财富的创造积累过程，都是以向自然资源的索取开始的。人类不断地对矿产资源进行不同层次、不同程度的加工，进而创造更多的财富。矿产资源的开发利用程度直接关系到国民经济各行各业的发展和人民生活水平的提高。一个国家和地区的矿产资源种类和数量决定着它的经济发展结构、规模和特色，并且是经济实力和发展潜力的重要决定因素，离开了矿产资源，发展问题就无从谈起。

（3）森林——地球之肺

森林通过绿色植物的光合作用，不但能将太阳能转化为各种各样的有机物，而且还能吸收大量的二氧化碳并释放出氧气，维持大气中二氧化碳和氧气的平衡，净化了环境，使人类能够不断地获得新鲜空气。因此，人们也形象地说“森林是地球之肺”。

大气中的氧气，对生物有着极其重要的作用。人可以许多天不吃不喝，却一刻也不能停止呼吸。在地球上，绝大多数的氧气是由森林中的绿色植物通过光合作用产生的。尽管绿色植物也要进行呼吸作用，但是在阳光的照射下，它的光合作用远远大于呼吸作用。因此人们称森林是“天然制氧厂”。

据估算，一株胸径 33 厘米的栗树有 11 万片叶子，其表面积为 340 平方米，一座森林有成千上万棵树，树叶的面积就非常巨大了。地球上的绿色植物每年要吸收 4000 亿吨的二氧化碳，释放 2000 亿吨的氧气。可以毫不夸张地说，没有了森林，人类和各种动物都无法生存下去。

（4）湿地——地球之肾

湿地是指天然或人工形成的沼泽地等带有静止或流动水体的成片浅水区，还包括低潮时水深不超过 6 米的水域。湿地就像天然的过滤器，它有助于减缓水流的速度。当含有毒物和杂质的流水经过湿地时，流速减慢有利于毒物和杂质的沉淀和排除。而且，一些湿地植物能有效地吸收水中的有毒物质，净化水质。沼泽湿地中有相当一部分的水生植物包括挺水性、浮水性和沉水性的植物，都具有很强的清除毒物的能力，是毒物的克星。例如，水葫莲、香蒲和芦苇等被广泛地用来处理污水，可以吸收污水中浓度很高的重金属如镉、铜、锌等。

湿地能够分解、净化环境污染，起到排毒、解毒的功能，与人类的肾脏功能有着异曲同工之妙，因此被人们喻为“地球之肾”。

4.1.3 中国土地知多少

中国位于东半球，地处亚欧大陆东部，毗邻太平洋西岸。中国领土北起黑龙江漠河附近的黑龙江主航道中心线上，南抵南沙群岛的曾母暗沙；东部最东端为黑龙江抚远境内黑龙江与乌苏里江汇合处，最西部在新疆乌恰县以西的帕米尔高原。南北纬度相差近 50 度，东西跨经度近 62 度，面积为 960 万平方千米，居世界第三位。但我国人均占有土地面积不到世界人均水平的 1/3，在世界排名第 120 位。所以，我国是一个土地资源相对贫乏的国家。我国土地资源现状有以下特点。

（1）土地资源数量多，人均占有量少

我国虽然土地总面积较大，但山地多，平原少，地形错综复杂，再加上气候、土壤、水分等条件因素，使土地资源的开发利用受到一定限制。已开发土地面积占总面积的 68.7%，而其中耕地仅占 13.2%，人均耕地 0.12 公顷。所以说，我国是一个耕地资源贫乏的国家。全国有 1/3 的省区人均耕地不足 0.067 公顷，尤其是浙江、广东、上海、福建等省市人均耕地均在 0.04 公顷以下，而且随着人口和非农业用地的增加，人均耕地占有量将更进一步减少，人地矛盾将更加突出。

（2）土地类型多样，优质耕地少，中低产田多

我国国土面积中干旱、半干旱土地大约占一半，平原、丘陵、高原、盆地和山地等各种地貌类型兼具，这为我国因地制宜全面发展农、林、牧、副、渔业生产提供了有利条件。根据《中国统计年鉴》，我国山地约占总面积的 33.33%，丘陵占 9.90%，高原占 26.04%，盆地占 18.75%，平原仅占 11.98%。据报道，我国中低产田的比例占全国耕地面积的 2/3 以上，有相当一部分耕地地块零碎不规整，田坎、沟渠、道路、坑塘面积过多，土地利用效率低。

（3）难以利用的土地资源面积大，耕地后备资源不足

我国土地资源中难利用土地多，宜农地少，宜居面积仅占国土面积的 20%。全国土地资源中流动沙丘、戈壁和海拔 3000 米以上等目前人类难以利用的无效土地面积约有 3.487 亿公顷，约占全国土地总面积的 36.3%，所占比例相当大。

由于我国历史悠久，人口众多，易开发的土地基本上早就被开发利用了，耕地后备资源严重不足。

（4）水土资源空间分布不平衡

我国东部和南部的土地总面积占全国的64%，年径流总量占全国年径流总量的95.69%。西部和北部内陆流域的面积占全国土地总面积的36%，而年径流量仅为总量的4.4%。长江流域及其以南耕地占全国的38%，水资源却占80%以上；淮河流域及其以北地区水量不足20%，耕地却占62%。这种水土资源的不平衡状况，不仅影响土地生产潜力的发挥，而且常造成旱涝灾害，使土地资源利用受到损失。

4.2 粮食的隐忧——耕地减少与土壤污染

人类衣食住行都离不开土地，人地关系是人类生存与发展的基本关系，土地支撑着人类社会的可持续发展。但是，如何与地球万物和谐相处，已成为人类面临的严峻挑战。全世界每年有数百万人死于饥饿和由营养不良、缺乏清洁的饮用水导致的疾病。当贫穷落后国家发生旱灾、庄稼歉收、粮食价格上涨、食物缺乏的时候，饥饿的人们只能依靠国际组织的救援。

世界自然保护基金会（WWF）在2004年度的《生命行星报告》中分析，自20世纪80年代始，人类的全球“生态足迹”（维持人类自然资源消费和吸纳人类和废弃物排放所必需的生物生产性土地和海洋面积）出现了“赤字”，这意味着人类对自然资源的消耗速度快于其再生速度，人类正对地球进行着掠夺式使用。耕地的减少源于水土流失、土地荒漠化以及城市扩张发展的占用。土地质量的下降造成的耕地减少危机主要源于土壤污染。

4.2.1 耕地减少了

地球，这个总体面积变化不大的星球，承受着越来越多人类的繁衍生息。由于人口的快速增长，人均耕地不断减少，使得耕地危机越来越严峻。据有关统计显示，全球人均可耕地面积已从1961年的1.45公顷降至2007年的0.74公顷，减少将近1/2。东亚和南亚人均耕地面积只有0.71公顷；非洲人均可耕地面积已由20世纪60年代的0.5公顷减少到不足0.3公顷。

工业化与城市化进程的快速推进，城市规模的扩展对土地的需求急剧增加是导致耕地减少的主要原因。据统计，20世纪90年代以来，我国城市建设用地以4%的速度逐年增长，远远高于世界发达地区1.2%的平均值。1999~2009年我国耕地在10年间减少了约667万公顷，“十五”期间我国新增建设用地约219万公顷，年均新增建设用地约43.8万公顷，“十一五”的前三年我国年均新增建设用地约37万公顷，2009年全国批准建设用地约57.6万公顷，比2008年增长44.6%。

此外，由于人类的不合理利用导致的水土流失、土地荒漠化、土地盐碱化等也是耕地进一步减少的重要原因。资料显示，我国现有水土流失面积356.92万平方千米，占国土总面积的37.2%；荒漠化土地面积263.62万平方千米，超过国土总面积的1/4；盐碱化土壤面积约3690万公顷，其中受盐碱化影响的耕地总面积达624万公顷，约占全国土地总面积的7%。

我国当前的耕地减少是多种因素相互作用的结果。总的来看，当前我国以GDP为导向的城镇化、工业化发展模式，已经对土地资源产生了非常严重的影响。因此，在制定重大经济社会发展战略之前，必须基于资源环境的承载力，综合考虑重大经济发展决策对资源环境的影响。

4.2.2 土壤生病了

土地是人类的衣食之本，在科学技术高度发展的今天，土地却遭受到空前的破坏。其中，土壤污染像一把软刀子，正在剥夺大片肥田沃土的生产力。

土壤污染主要是指土壤中某些有害物质大大超出正常含量，土地无法消除这些有害物影响的现象。土壤污染主要来源于生活污水和工业“三废”的排放，以及化肥和农药的过度使用。严重的土壤污染可以导致农作物生长发育的减退甚至枯萎死亡，这些污染后果是可以及时发现的。但是更多的土壤污染并无明显表现，却降低了农产品的质量，特别是通过农作物对有害物质的富集作用，通过食物链进入人或牲畜体内，危及人体或牲畜健康。对于土壤污染我们必须高度重视。

生活污水和人畜粪尿中含有许多植物需要的养分，用生活污水灌田或施用粪肥一般会使农作物增产，但这些废水、废物中的病原菌、病毒、寄生虫及虫卵等却进入农田，沉积于土壤中，极易造成土壤污染。人接触了污染的土壤和农产品，会引起破伤风、流行性病、地方病和寄生虫病等。

现代农业大量施用化肥，致使硝酸盐、硫酸盐、氯化物等无机物大量残留在土壤中。它们破坏土壤的理化性质，使土壤板结和盐渍化，从而使农作物减产。

农药是造成土壤污染的重要有机污染物。我国的农药使用以大容量、大雾滴喷雾为主，仅有 20% ~30% 农药喷施在农作物上，70% ~80% 的施药量飘落在土壤中。进入土壤的大部分杀虫剂、杀菌剂和除草剂可被植物吸收，但也有一部分随灌溉水径流和降雨下渗，造成地表水或地下水污染。

大气中的烟尘和二氧化硫、氮氧化合物以及放射性尘埃等有害物质会自然地或随雨雪沉降在土壤中。冶炼厂和汽车排放的废气中的镉、铅等有害物也会被土壤吸附，造成污染。因此在工厂周围和公路两侧的土壤最容易受污染。

污水灌溉、农用污泥和固体废物极易造成土壤的重金属（如汞、铬、镉、砷、铅、铜等）污染。重金属进入土壤后，所造成的污染具有隐蔽性，不能通过感官识别。如被镉污染的稻田所产的“镉米”，外观与正常大米一样，只有通过土壤或作物样品的分析化验才能确定。由于重金属在土壤中流动性差，容易在土壤中积累，形成持久性污染。

土壤一旦遭受污染，其影响一般是很难被消除的。有机农药分解得很慢，重金属根本不能分解，污染的土地即使在不再继续污染的情况下，三五年内仍含有较高的有害物质，并可通过食物链富集危及人类。所以，受到严重污染的土地上的植物既不能食用，也不能用作动植物的饲料或肥料。预防和减轻土壤污染的主要措施是控制和消除土壤污染源，加强对工业“三废”的治理，合理施用化肥和农药。

4.2.3　人类受伤了

土壤污染不仅直接影响农作物的生长发育，而且会造成农产品污染，使其品质降低，产量下降。土壤污染物或其分解产物在土壤中逐渐积累，通过食物链被人体吸收，危害人体健康。在土壤污染中重金属污染造成的危害最大，其中镉、铅等的危害更为严重。

镉是对人体有害的元素，自然界中含量很少。每立方米大气中镉的含量一般不超过 0.003 微克，每升水中不超过 10 微克，每千克土壤中不超过 0.5 毫克。这样低的浓度，对人体健康不会产生影响，但是如果镉的浓度过高，则会对人体产生严重的影响。当环境受到镉污染后，镉可以在生物体内富集，并通过食物链进入人体，最终引起慢性中毒，影响肾脏，使肾脏发病，分泌失调。

在横贯日本中部的富山平原有条神通川，两岸居民世世代代喝这条河的水，同时也用河水灌溉农田。自从上游设立了神通矿业所，建成铅锌冶炼厂后，将没有处理的含镉废水直接排入神通川，造成河水污染。两岸农民引河水灌溉稻田，使土壤遭受重金属镉污染。水稻生长在受镉污染的土壤里，大米中的镉含量增加，农民吃了这种富含镉的米就会中毒。1955 年以后，日本富山县神通川两岸得病的人，起初关节疼痛，数年后全身出现骨痛、神经痛，延续几年后不能行动，连呼吸都十分痛苦，最后骨骼软化萎缩，自然骨折，直至不能吃饭，在百般疼痛中死去。这就是震惊世界的十大公害之一的痛痛病事件，也称为“镉米事件”。

铅是土壤污染中较为普遍的元素，污染源主要来自汽油里添加的抗爆剂烷基铅，随汽油燃烧后的尾气积存公路两侧百米范围内的土壤中。另外，铅字印刷厂、铅冶炼厂、铅采矿场等也是土壤铅污染的重要污染源。铅进入土壤后易与有机物结合，极不易溶解，大多聚集在土壤表层，几乎不向下移动。铅对植物的危害主要表现为使植物叶绿素下降，阻碍植物的呼吸及光合作用。谷类作物吸铅量较大，但多数集中在根部，茎秆次之，籽实中较少。因此铅污染的土壤所生产的禾谷类稿秆不宜作为饲料。铅对动物的危害则是累积中毒，对人体的危害主要是与人体中多种酶结合，从而干扰有机体多方面的生理活动，导致对全身器官产生危害。

铅一旦进入人体很难排除，会引起末梢神经炎，进而造成运动和感觉障碍。此外，铅会随着血液流入脑组织，损害小脑和大脑皮质细胞。而且，铅还干扰代谢活动，使营养物质和氧气供应不足，引起脑内小毛细血管内皮细胞肿胀，进而发展成为弥漫性的脑损伤。当人体内血液中铅的浓度达到60~80毫克/升时，就会出现头痛、头晕、疲乏、记忆力减退和失眠、食欲不振、便秘、腹痛等症状。铅直接伤害人的脑细胞，特别是胎儿的神经板，会造成先天大脑沟回浅，智力低下；对老年人则会造成痴呆、脑死亡等。

4.3 沟壑嶙峋的黄土高原——水土流失

黄土高原位于我国北方地区与西北地区的交界处，它东起太行山，西至乌鞘岭，南连秦岭，北抵长城，主要包括山西、陕西，以及甘肃、青海、宁夏、河南等省部分地区，面积40万平方千米，占世界黄土分布的70%，为世界最大的黄土堆积区。黄土厚50~80米，黄土颗粒细，土质松软，含有丰富的矿物质养分，利于耕作，盆地和河谷农垦历史悠久，是中国古代文化的摇篮。

我国的黄土高原，历史上曾是“翠柏烟峰，清泉灌顶”，森林覆盖率在西周时期高达53%。而现在森林被毁，高原被流水切割得千沟万壑、支离破碎，水土流失极为严重。每年从三门峡下泄的泥沙平均达16亿吨，带走的氮、磷、钾肥分约4000多万吨，数倍于我国的化肥年产量。陕北民歌《信天游》唱道：“我低头向山沟，追逐流逝的岁月，风沙茫茫满山谷，不见我的童年。”由于气候较干旱，降水集中，植被稀疏，加之夏雨集中，且多暴雨，在长期流水侵蚀作用下地面被分割得非常破碎，水土流失严重，形成沟壑交错其间的塬、墚、峁等地貌。

4.3.1 水土流失成因

一般情况下，由于下雨或者其他原因，地面的土壤被水溶解后，往往总会流掉一些。但是只要深层土壤的形成速度快于表层土壤流走的速度，或者土壤的形成速度等于地表土壤流失的速度，土壤的总量就不会减少。如果表层土壤流走的速度大于土壤形成的速度，土壤总量就会减少，这就是水土流失。如果地面上植物较多，下雨冲刷流走的土壤就会很少，就不容易造成土壤流失；如果地面上植物减少，或者失去了植物，土壤被雨水冲走得比较多，就容易造成土壤流失。这就是森林受到破坏，导致水土流失的道理。

水土流失，使河水混浊，河道泥沙淤积，容易造成江河溃堤，水灾泛滥。相反，保护了水土，河清水秀，河道畅通，就可避免水灾，也保护了我们的生活环境。

图 4－1 草原景观

4.3.2 植树造林保持水土

植物的根通常都生长在地下，它的底部向下生长，并向四周发出侧向的根，形成庞大的根系，以便从土壤中吸收水分和矿物质供给植物生长，使植物枝繁叶茂，硕果累累。

植物的根系是一个特别庞大的分枝系统，根系的生长范围一般都大于植物地上部分的生长范围。科学家曾经对生长一年的苹果苗木的根系做过细致的观察，发现根的分枝总数竟达 50 000 条之多，而树干的分枝却仅有 10 多条，也就是说植物的根的分枝能力是地上部分的数千倍。植物的根在地下盘根错节，就像是无数只手一样牢牢地抓住土壤，不仅把植物体固定在了土壤中，又起到了防沙固土的作用。

根毛是根吸收水分和矿物质的主要部位，根毛的多少与植物种类有着很大的关系。一株黑麦平均每天能长出 11 490 万条根毛，把这些根毛连接起来可达 80 千米长；而一株黑麦从发芽到抽穗，约有 150 亿条根毛，这些根毛就像无数个微型水泵，源源不断地从土壤中吸收水分和矿物质。因此人们在山坡、沙地、河堤上植树造林和种植花草，可以起到涵养水源、防止水土流失的作用。

4.3.3 防治水土流失

关于防治水土流失的问题，应因地制宜，根据水土流失地区的具体条件而定，但总的不外乎是工程措施、生物措施和管理措施三个方面。从现在看来，无论哪一种措施想要根治水土流失都是很困难的，只能是尽可能减缓水土流失的强度和速度。

（1）工程措施

工程措施主要包括修筑梯田，打坝淤地，引洪灌地。根据黄土高原现状，在一些坡度较小的缓坡上修筑梯田，平整土地，减少水土流失，有利于保水、保土、保肥，利于耕种；打坝淤地可使大量的肥土淤泥，在坝内变成沟底平地，既拦水淤泥，又形成平坦肥沃的可耕地，一举两得；引洪灌地就是引用暴雨产生的洪水漫灌川地、台地、坝地等，可有效地控制黄土高原的水土流失问题。

（2）生物措施

在荒山荒坡和梯田地上植树种草，营造用材林、经济林、防护林和水源涵养林，实行乔、灌、草相结合，其作用是保护农作物，防止水土流失；发展果业和草产业，促进林产业和畜牧业，调整农业产业结构，形成区域资源优势，提高群众经济收入，使得经济效益、生态效益、社会效益相统一。

（3）管理措施

对于暂时不能改为梯田和退耕的坡耕地，采取等高耕作、横坡耕作、等高沟垄种植、间作套种等保土耕作措施。其作用是改变地表微地形，增加作物覆盖，减少水土流失，提高水源涵养能力，提高土地生产力，增加农民收入。同时，在缓坡地、丘陵地尽量增加人工草场，发展畜牧业，在川地、坝地发展耕作业，这样有利于保持水土、发展生产。黄土高原的治理必须遵循客观规律，走“宜农则农、宜林则林、宜牧则牧”的道路，因地制宜，合理利用土地，从而改善黄土高原的水土流失问题。

在上述三种措施中，长期以来不少人偏爱工程措施。但一般来说，工程措施不仅耗资巨大，而且工程的寿命也短，因而人们逐渐开始认识到了生物措施的优越性。然而封山育林，植树种草，这在人多地少的地区是很难实现的。近几年我国黄土高原地区开展的小流域综合治理的措施效果较为显著，他们将生态效益、经济效益和工程措施结合起来，使群众在通过工程措施改善生态环境的同时，获得较高的经济效益，使农民自觉地开展治理活动。管理措施就是通过合理的土地利用布局和合理的耕作制度，或其他农事活动来减缓水土流失过程的发展。这在理论上理解很容易，但在土地利用者中实施贯彻起来是非常难的。总之，我们在进行水土流失的治理时，应该使经济效益、社会效益、生态效益相统一，通过水土流失的治理切实改变当地贫穷落后的面貌，促使人们积极地开展水土保持工作。

近几年来我国在水土流失的治理中取得了丰硕的成果，但这对于每年新增流失面积达 1 万多平方千米的水土流失速度来说仍然是杯水车薪。我们应该在加强水土流失治理的同时，保护森林植被，双管齐下，从源头上解决水土流失所带来的生态环境问题。

4.4 地球母亲的“牛皮癣”——土地荒漠化

4.4.1 解剖地球“牛皮癣”

有人把土地荒漠化比喻为地球得了“牛皮癣”。这种皮肤病导致的分散在世界各地的不毛之地——沙漠，称为人类的不幸之地。它毁灭了人类古代文明。如今，它正威胁着现代人的生存安全。土地荒漠化简单地说就是指土地退化，也叫“沙漠化”。过去常理解为沙漠不断扩大，把沙漠里的沙子扩散到越来越广的肥沃土地上去，这样的理解是不准确的。1992 年世界环境与发展大会上通过的定义是包括气候和人类活动在内的种种因素造成的干旱、半干旱和亚湿润地区的土地退化。也就是由于大风吹蚀、流水侵蚀、土壤盐渍化等造成的土壤生产力下降或丧失，都称为荒漠化。

引起土地荒漠化的原因主要是气候因素和人类不合理的活动。气候因素主要是赤道地区的上升气流在高空向两极方向流动，由于受到地球旋转偏向力的影响，在南北纬30度附近，大部分空气不再继续前进，而是在高空积聚，并开始冷却下沉，近地面气层常年保持高气压，气象学上称之为“副热带高压带”。这一地带除亚欧大陆东岸季风气候区外，其他地区气候干燥，少见云雨，从而成为地球上主要的沙漠分布区。人类不合理的生产活动主要是由于人口增长和经济发展使土地承受的压力过重，过度开垦、过度放牧、乱砍滥伐和水资源不合理利用等，导致土壤严重退化，森林被毁，气候逐渐干燥，最终形成沙漠。

研究表明，原始的沙漠是气候造成的，而现代的沙漠则是人与气候共同造成的。气候仅仅是提供了形成沙漠的适宜条件，而恰恰是人类破坏了生态，创造了沙漠。正如法国哲学家夏托·布莱恩在18世纪就预言的那样：原始时期是森林和草原，文明过后会成为沙漠。

图4-2 沙漠化的蔓延

4.4.2 地球“牛皮癣”在扩展

土地是人类生存的基础，土地沙漠化是当今世界最严重的环境问题之一。

土地沙漠化是人类文明的大敌。世界著名古巴比伦文明的发祥地——美索不达米亚平原和中华民族的摇篮——黄河都是因为森林植被受到人为的破坏而荒漠化。当年，沙漠埋葬了富饶的美索不达米亚平原，截断了著名的丝绸之路，掩埋了埃及96%以上的国土，给世界文明造成了严重的损失。

现在，全世界有1/3的土地正面临着沙漠化的危险，每年约有6万平方千米的土地被沙漠所吞噬。当前，面临土地沙漠化威胁的国家有60多个，受沙漠化影响的人口占全世界人口的16%以上。因此，治理沙漠化被列为世界十大难题之一。

土地沙漠化向人们敲响警钟：必须合理开发利用自然资源，注意生态环境的保护。要防止土地沙漠化的蔓延，就要采取法律、经济、行政等手段，防止滥垦、滥牧和滥采的现象发生，使人与自然环境协调发展。

4.4.3 筑起中国的"绿色长城"

万里长城规模宏大，是勤劳而聪明的中国人民用一块一块的方砖砌成的。修筑万里长城是为了抵御外敌入侵，保护百姓安居乐业。防护林是人们用勤劳的双手，一棵一棵地种植起来的，营造防护林的目的是抵御风沙侵袭，保护人们的物质财富和生命财产。二者多么相似啊！况且，防护林的规模与万里长城相比也毫不逊色。

那么，防护林究竟是怎样抵御风沙的侵袭呢？防护林往往营造于平原地区、台风多发地区和沙漠化扩展地区。通过植树造林，形成一道道长形或网格形的防风林带。防护林林带树种的选择，不同植物的搭配，种植位置和距离，都有比较严格的要求，通过人工种植，适当管理，植物长成之后，就产生防护作用。防护林带的防护作用主要是降低风速。在防护林的阻挡作用下，强劲的风流被迫改变风向，由于林带布局的不同，气流的通透阻挡作用力大小不同，风在不同的位置都被迫改变风向，方向一经改变，气流间就会出现互相摩擦和对撞，这样自然抵消了相当一部分的风力，使风速减弱，这样就可以压制住风沙。许许多多的防护林带连绵蜿蜒，跨过平原，越过山坡，多像一道道绿色的长城！

4.5 呵护地球之肾——湿地

湿地与人类的生存、繁衍、发展息息相关，是自然界最富生物多样性的生态景观和人类最重要的生存环境之一，它不仅为人类的生产、生活提供多种资源，而且具有巨大的环境功能和效益，被誉为“地球之肾”。也可以说，保护湿地就是保护我们人类自己。

4.5.1 了解“地球之肾”

湿地与森林、海洋一起并称为全球三大生态系统。湿地的成因，简单来说就是在湿润地区，由于降水较为丰沛，或者气温较低，蒸发微弱，再加上地势低平，水流不畅，地表有多条径流汇集。地下有隔水层或冻土，不利于地表水下渗。日积月累下来，形成了一个长久或暂时性的沼泽地、泥炭地或水域地带。

湿地的类型多种多样，通常分为自然湿地和人工湿地两大类。自然湿地包括沼泽地、泥炭地、湖泊、河流、海滩和盐沼等；人工湿地主要有水稻田、水库、池塘等。

目前，全世界有湿地面积达上亿公顷。湿地在世界上的分布不均，北半球多于南半球，而且多分布在北半球的欧亚大陆和北美洲的亚北极带、寒带和温带地区。南半球湿地面积小，主要分布在热带和部分温带地区。加拿大拥有的湿地面积约 1.27 亿公顷，占世界湿地面积的 24%，是世界上湿地面积最多的国家。美国拥有湿地面积 1.11 亿公顷，其次是俄罗斯、中国、印度等。

当前湿地的命运正随着环境恶化而改变——湿地面积减少已成为世界各国的普遍现象。2009 年 2 月公布的我国首张湿地分布遥感图表明，中国的湿地总面积 10 年间已减少了 5 万平方千米，而且还在一天天减少，湿地的命运岌岌可危！

4.5.2 逐渐衰竭的“地球之肾”

近年来，由于湿地围垦、生物资源的过度利用、湿地水资源过度利用、大江大河流域水利工程建设、泥沙淤积、海岸侵蚀与破坏、城市建设与旅游业的盲目发展等不合理利用，导致湿地生态系统退化，造成湿地面积缩小，水资源减少甚至枯竭，生物多样性降低，湿地功能降低甚至丧失。

虽然湿地干涸是自然进程的必然结果，但当前不少湿地的迅速消失与人类不合理的经济活动有重大关系。主要破坏因素有：

（1）围湖造田

围湖造田是指湖泊的浅水草滩由人工围垦成为农田的经济活动。适度围垦可以增加耕地面积，缓解人口增加带来的粮食生产压力，然而过度围垦往往会损害湖泊的自然资源，破坏湖泊生态环境和调蓄功能。以中国的洪湖、洞庭湖为例，自20世纪60年代以来被大规模围垦造田，湖区环境生态环境恶化。洪湖，1964年尚有水面83.2万亩（1亩=0.066 7公顷），经多次围湖累计达30万亩，现存水面仅余53万亩。由于湖容减小，湖区的调蓄抗灾功能严重减弱，以致汛期渍涝灾害频繁、低湖田土壤环境恶化，效益下降。自1958年起，湖南省对洞庭湖围湖造田进入一个高峰期，大批农民迁移到洞庭湖区，围湖造田，建立了许多大坝，围堵洞庭湖湖水，使得历史上的“八百里洞庭”变成今日的“三百里洞庭”。

（2）水资源过度开发

水资源的过度开发是湿地萎缩的另一个主要原因。以海河流域为例，20世纪50年代，包括白洋淀、七里海、千顷洼等12个大面积湿地在海河平原广泛分布。但是从20世纪60年代初到70年代末，由于人口增长及经济快速发展，海河流域对水资源的开发利用程度逐步提高，流域内由丰水转变为缺水，海河流域的湿地逐渐萎缩，12个主要湿地面积由20世纪50年代的3801平方千米下降至目前的538平方千米。

（3）水利工程建设

兴修水库也影响了湿地的生存。水库在发挥了防洪、供水、发电等效益的同时，却使得湖泊湿地大面积减少。被称为“华北明珠”的白洋淀，是华北地区最大的湿地，曾经有9条河流入淀里。然而1950年以来，白洋淀上游陆续建成的4座中型水库和近百座小型水库掐断了8条入淀河流，没有了进水源的白洋淀只有靠从上游调水、靠人工补水维持生命，以免遭受灭顶之灾。

4.5.3 如何保护“地球之肾”

（1）保护湿地，立法先行

湿地的保护需要法律作为坚强的后盾。但是目前我国还没有一部保护湿地的专项法律，这给湿地资源的科学管理和合理利用带来严重的困难。健全的湿地保护法律对湿地资源的开发管理、湿地生态系统保护以及社会可持续发展都有积极的作用。因此，加快立法步伐、为湿地保护提供法律依据已迫在眉睫。

（2）退耕还林、还湖

大力推进生态退耕还林、还湖工程建设。加快河流、湖泊上游退耕还林、植树造林建设，保持水土、防止水土流失，避免给河流、湖泊造成泥沙淤积、蓄水量减少等破坏现象，使得河流、湖泊的调蓄洪水的能力降低。同时，积极鼓励湖泊湿地区域退耕还湖，扩大湖泊的面积，增加湖泊蓄水容量，减少水旱灾害的发生。

（3）建立自然保护区

至2005年2月，我国已有30块湿地加入《湿地公约》重要湿地名录。建立湿地自然保护区是阻止湿地减少、生态环境恶化和生态功能退化的有效措施。湿地孕育了多种动植物，是生物多样性保护的重要区位。保护区的建立为减缓物种灭绝速率，科学管理、保护和利用湿地创造了条件。

（4）开展湿地生态游

随着生态旅游的快速发展，湖沼风光、珍禽水兽等已经成为游客亲近自然的引力。在湿地建立野生动植物保护圈、水禽养殖场及渔场是吸引游客的新景点。在创造经济价值的同时，提高民众的湿地环境保护意识，普及湿地环境保护知识，实现经济发展与湿地保护的双赢。

4.6 保护生命的摇篮——土壤破坏的防治

土壤是农业生产的基础，是人类最基本的生产资料和劳动对象，也是人类世代相传的生存条件。而由于人类的不合理利用和对土壤的破坏，使土壤污染已经成为中国乃至全球性土壤退化的重要因素，土壤环境质量的下降是当前人类可持续发展所面临的严峻挑战，保护人类赖以生存的土壤环境刻不容缓。在土壤破坏的防治工作中，应以预防为主，控制和消除土壤污染源；治理为辅，采取有效措施，清除或转移污染物使其不能进入食物链。

4.6.1 “防”——防患于未然

(1) 控制和减少工业“三废”的排放

在工业生产中应大力推广清洁生产、无毒工艺，以减少或消除污染物质。对工业“三废”（废水、废气、固体废弃物）及城市废弃物必须处理和回收，进行废弃物资源化，变废为宝。建立严格的污染物排放标准，对必须排放的“三废”要进行净化处理，控制污染物排放的数量和浓度，使之符合排放的标准。同时，在利用污水灌溉农田时，必须符合《GB 5084—2005 农田灌溉水质标准》，否则，必须进行处理，达标后方可用于农田灌溉。

(2) 大力发展生物农药

人类的不合理活动给土地带来了严重的破坏，我们必须采取措施积极治理人类给土地造成的创伤。目前，农药的使用给土地带来的污染越来越严重，我们必须采取措施加以控制。禁止或限制使用剧毒、高残留农药，如有机氯农药；大力发展高效、低毒、低残留农药，如除虫菊酯、烟碱等植物体天然成分的农药；大力开展生物农药的研究。生物农药具有如下几大优点：

1) 高效低毒，有利于保护生态环境。由于生物农药有较强的选择性，如白僵菌、苏云金杆菌、青虫菌和杀螟杆菌等，都只对咀嚼式口器的松毛虫、稻苞虫、螟虫类、棉铃虫、菜青虫等有效，防治效果为70% ~95%，而对有益的昆虫无毒害作用，对人、畜、作物和土壤都很安全。

2) 不产生抗药性。凡是以菌治虫、以菌治病及以菌治草的生物农药，都会像“对号入座”一样，只找适合自己的寄主来发挥自己的作用，所以不产生抗药性。在综合防治中，把化学防治与生物防治有机地结合起来，就是一种克服害虫产生抗药性的有效途径。

3) 用量少，成本低，效果好。每次只要施用少量的杀虫剂就能使大量的害虫染病，不能吃，也不能动，还得“拉稀”至死。

4）对高龄幼虫（因食量大）的防治效果高于低龄幼虫，有效地弥补了化学农药的不足。

5）对土壤无毒害，不对土壤造成污染。

虽然生物农药有很多优点，但由于生物农药对温度要求较严格，药效的稳定性也有待解决，所以应用不够广泛。

（3）少施化肥多施有机肥

除了农药的过量使用外，化肥的过度使用也使得已经遭受污染的土壤雪上加霜。因此，要合理施用硝酸盐和磷酸盐等肥料，避免过多使用，造成土壤污染。化肥的优点是：作用发挥快，能够使植物快速吸收；缺点是它含的养分单纯，如尿素只含有氮肥，过磷酸钙只含有磷肥，氯化钾只含有钾肥。过量施用化肥还容易造成土壤板结，并且化肥极易随水流失，容易对土壤造成污染。

面对能使农业增产却给土壤带来严重污染的化肥，我们应该如何选择呢？是选择让作物增产还是保护土壤？实际上我们完全可以“鱼和熊掌兼得”，那就是少施化肥多施有机肥。有机肥与化肥就大不一样，它肥源很广，如人类粪尿、畜禽粪尿、草木灰、土杂肥、绿肥等。当人们将有机肥施放到土壤中后，“期待”已久的微生物立即活跃起来，一方面把它“加工”成单纯的氮、磷、钾、钙、镁等无机肥料供植物吸收利用，另一方面又把它“加工”成腐殖质。腐殖质可将周围的土粒黏结成“小土团”，使土壤疏松透气；腐殖质还像仓库的“保管员”，能把土壤中多余的水分和养分统统保管起来，待植物需要时又源源不断地供应给植物；腐殖质还有点像“调度员”，能有效地调节土壤中水、肥、气、热和酸碱度的矛盾。

4.6.2 “治”——亡羊补牢，为时未晚

（1）传统物理修复法

土壤一旦造成污染，特别是重金属污染，很难从中排除出去。为了消除土壤重金属等的污染，常采用排去法（挖去污染土壤）和客土法（用非污染的土覆盖于污染土表面上）进行改良。但是，这两种方法耗时费力，极易造成污染源扩

散，且需要大量的客土源，所以在实际应用上，特别是对于大面积污染区土壤的改良有一定困难，故不太现实。

为了减少污染物对作物生长等的危害，也可采用耕翻土层，即采用深耕，将上下土层翻动混合，使表层土壤污染物含量减低。这种方法动土量较少，但在污染严重的地区不宜采用。

此外，改变耕作制度也是常用的土壤污染修复方法之一。耕作制度的改变会引起土壤条件的变化，可以消除某些污染物的毒害。如对已被有机氯农药污染的土壤，可通过旱作改水田或水旱轮作的方式予以改良，使土壤中的有机氯农药很快地分解排除。

（2）现代生物化学修复法

近年来，土壤的化学与生物修复已成为研究热点，并取得了一定进展。土壤污染的化学修复是用表面活性剂或有机溶剂清洗土壤中的有机物。对于重金属污染的土壤，则是使用化学改良剂使重金属转化为难溶的物质，减少植物对它们的吸收，避免对人类产生危害。生物修复是利用动植物及微生物将土壤中有毒有害有机污染物降解为无害的有机物质（CO_2 和 H_2O）的过程。土壤污染物质可以通过生物降解或植物吸收而被净化。如蚯蚓可以提高土壤的自净能力，利用它能处理城市垃圾和工业废弃物、重金属等有害物质；羊齿类铁角蕨属植物对土壤重金属有较强的吸收聚集能力，对镉的吸收率可达 10%，连续多年种植可有效减少土壤中镉的含量。

生物修复是治理土壤有机污染的最有效方法。污染土壤的生物修复效率受污染物性质、土壤微生物生态结构以及土壤性质、环境条件等影响。研究污染物的生物可降解性、微生物对污染物的降解作用机制、降解菌的选育与生物工程菌的应用，是提高污染土壤生物修复效果的关键，值得深入研究。

此外还应该加快土壤污染防治立法研究，建立土壤污染防治监督管理体系，完善土壤污染防治的政策法规。还要加大土壤污染防治的宣传教育力度，提高公众防治土壤污染、保护土壤环境资源的意识。通过宣传教育使农民掌握一定的农业环保知识，在以后的农业生产中合理施用化肥、农药，自觉保护土壤。同时，也可使企业增强自身责任感，自觉进行污染处理，减少污染物排放。

土地作为一种自然资源，是人类生产和生活不可缺少的生产资料，是人类赖以生存的生活空间。由于人类对土地资源的不合理利用，使得土地资源破坏和污染造成的危害已威胁到了人类自身的生存发展。水土流失、土地荒漠化以及城市扩张发展对土地的占用使土地的面积减少，土壤的污染也造成耕地质量下降并直接危及人类身体健康，这些都造成了耕地危机的日益加剧。森林减少、湖泊等湿地萎缩也对土地的生态环境产生了严重的破坏。土地资源的破坏是人类社会可持续发展的主要挑战，保护人类赖以生存的环境已经刻不容缓。人类要想可持续发展，就必须保护好土地资源，减少水土流失、耕地占用，并且切实加强土壤污染的防治。

5　物种的伊甸园

有一首词这样写道："明日别枝惊鹊，清风半夜鸣蝉。稻花香里说丰年，听取蛙声一片。"天边的明月挂上了树梢，惊飞了栖息在枝头的喜鹊，微风吹来了远处的蝉叫声，人们在稻谷的香气里谈论着丰收的年景，耳边传来一阵阵的青蛙叫声，好像在庆祝丰收年。此情此景，已经与我们人类渐行渐远。因为，人类通过对大自然的肆意掠夺换取经济的快速增长的盲目行为已威胁到物种多样性及其生存环境。

物种多样性是地球生命经过几十亿年发展进化的结果，是人类赖以生存和持续发展的物质基础。它提供给人类所有的食物、木材、纤维、油料和橡胶等重要的生活生存原料。保护人类生存和社会发展的基石就是保护物种多样性，达到人与生物在地球这个伊甸园中和谐相处，就像杰拉尔德·达雷尔在他的《希腊三部曲Ⅰ：追逐阳光之岛》中写的：

我们希望未来会有萤火虫在夜晚指引你，

会有蝴蝶在灌丛及森林里迎接你。

我们希望你的黎明会有鸟类欢唱的交响乐，

而它们的拍击翅膀的声音……会让你感到振奋。

我们希望仍然会有许许多多不同种类的生物跟你一起共享地球，

它们会让你欢喜高兴，并且丰富你的生命。

我们希望你会感恩于出生在这个神奇的世界。

5.1 人类的朋友——神奇的物种

5.1.1 植物的财富

从一望无际的草原到冰雪覆盖的极地，从烈日炎炎的沙漠到广阔的江河湖海，处处都有植物的踪迹，植物世界就是一个探索不尽的宝库。我们每天吃的粮食和水果来自于植物的果实；我们每天使用的纸张来自于植物的树干；一些具有芬芳物质的植物则被人类制作成香水、香精；人类弹奏的乐器诸如琵琶、古筝等，也是用植物做成的。人们还种植植物来净化空气、提供绿荫、调整温度、降低风速、减少噪声和防止水土流失。在陆地上，城市的大街小巷常种植绿化树种泡桐和女贞，可不要只看到它们的美丽和阴凉，泡桐可是天然的吸尘器，女贞也是污染监测兵；海洋中，五颜六色、美轮美奂的珊瑚礁也是海藻的丰功伟绩呢！我们一起看看，它们怎么造福人类吧！

（1）天然吸尘器——泡桐

泡桐，又叫皇后树、紫花树，属玄参科，落叶乔木。常见的有白花桐、楸叶泡桐、毛泡桐、兰考泡桐、川桐等。春季先叶开花，圆锥花序顶生，大型紫花绚丽，馨香袭人，赏心悦目，九十月间硕果累累。

图5-1 泡桐

泡桐被称为天然吸尘器。它的树干挺直，树冠庞大，叶大多毛，并能分泌黏液，可以吸附粉尘、净化空气，并且对二氧化硫、氯气、氟化氢、硝酸雾等有毒气体有较强的抗性。

泡桐生长迅速，五六年就能成材，是我国著名的速生用材树种之一。民间流传着“一年一根杆，五年能锯板”的说法。泡桐材质轻软，富有弹性，不翘不裂，纹理美观，隔热防潮，不易虫蛀，不易火烧，是制胶合板、做家具、建筑等的良材。桐木有“四善”：轻、松、脆、滑，因此是制造乐器、教学仪器及音响机壳的理想原材料。

(2) 污染监测兵——女贞

女贞是木樨科的常绿灌木或乔木，高达6~10米。叶对生，革质，卵状披针形；初夏开白花，有香味，圆锥花序；核果长圆形，成熟时呈蓝黑色，称为“女贞子”。

图5-2　女贞

科学家常常利用一些对环境反应敏感的植物，来帮助测定和掌握环境污染的程度、范围以及污染物的类别和毒性强度。这些植物被称为“不下岗的监测兵”。女贞就是一名称职的汞污染监测兵。它对剧毒的汞蒸气，反应相当敏感，一旦受熏，叶、茎、花冠、花梗和幼蕾便会变成棕色或黑色，严重时会落叶、掉蕾。女贞还能吸收毒性很大的氟化氢、二氧化硫和氯气等。女贞还是降低噪声的较好树种，日本大阪机场为了减低噪声，在跑道两旁种植了近4000株女贞和雪松，达到可以减低10分贝噪声的效果。

女贞木材细致，供细作木工用材。果实女贞子，是传统中药材，有补肝益肾的功效。女贞树枝条开展，树冠倒卵形，夏日细花芳香，冬季负霜葱翠，是常见的园林观赏树木。园艺工作者用女贞为砧木，以桂花为接穗，嫁接育成“四季桂”。

(3) 海藻——小力量影响大世界

任何人驻足海边，看天海一色，潮起潮落，都会惊叹于巨大的物理作用对这个星球上事物的影响。那千年冲刷蚀刻的海岸，日照水波生成的光影变幻，潮涨潮退引起的冲天巨浪，无一不是大自然在展示自己的力与美。然而，这种种的自然力之中，有一种却是常人不可见的，因为它发生作用的个体微小，方式柔和，它对这个星球的影响是曲折隐蔽的，它就是海洋中的生产者——藻类。

“藻”在《新华字典》的释义为：隐花植物的一大类，没有真正的根、茎、叶的分化，有叶绿素，可以自己制造养料。种类很多，大部分生活在海水和淡水里。利用体内的色素体发生光合作用捕获太阳能，合成有机物为生物链上层生物不断提供物质和能量。它们迅速繁殖，又迅速被捕食，因为这样的生物链关系，藻类在水中的总量始终寥寥，并未呈现出陆地生态系统中那种生产者常见的优势地位。但从动态的角度看，不断繁殖的藻类其实是不断地在为摄食者提供能量，这些微小生命从生到死的迅速循环支撑了所有我们常见的美丽的海洋生物。

藻类可以造成沧海桑田的变化一定没有人相信，但在海底世界珊瑚礁的形成中，藻类功不可没。珊瑚礁享有“海中的热带雨林”和“海上长城”等美誉，被认为是地球上最古老、最多姿多彩，也是最珍贵的生态系统之一。造礁的第一主力当然是珊瑚虫，它生活中分泌的副产品碳酸钙就是珊瑚礁中最致密的基干结构。但如果没有藻类的帮助，这个过程将非常缓慢。珊瑚虫如果能找来虫黄藻签订租房协议，它的租客可以为它带来氧气和营养物质，而它只需要给租客提供一个安定的居所和自己的代谢产物二氧化碳。这种互利共生的关系可以将造礁的速度提高数倍，否则，在海水的侵蚀下，珊瑚虫的礁石很难长大。除了虫黄藻，其他租客也并非对珊瑚虫全无用处，实际上珊瑚的各种颜色都来源于共生的藻类，否则它只能有碳酸钙的惨白色。

正是海藻造就了珊瑚礁，也造就了五彩斑斓的海底世界。这些地球上最小的生命体用不懈的努力，凭着巨大的数量，以人类不可见的方式，将自己与这个星球上最大的栖息地——海洋联系了起来。

5.1.2 动物的智慧

地球上大小不一、形态各异的动物，不仅给这个世界带来了五彩缤纷的美，同时这些动物也各司天职，为维护生态平衡默默奉献。

（1）大地清道夫——蜣螂

蜣螂就是我们俗称的“屎壳郎”。它们不仅有坚硬的典型翅鞘，而且还有特殊的瓣状触，通常以污物或垃圾为食。倘若找到人、畜的粪便，它们先用头部将粪便堆积在一起，然后用前足拍打成球形。然后“夫妻”双双通力合作，一个在前拉，一个在后推，使粪球朝前滚。滚到它们事先选好的地点时，雌蜣螂用头和足在粪球上挖个洞，把卵产在里面，最后，把球推到洞里，用土埋起来。孵出的幼虫，就以粪球为食物，一直在土中待到化蛹。

大约在6000年前，古代埃及的农民，在春天灌溉洋葱田的时候，经常看见这种体态魁梧、全身披着黑得发亮的甲胄的大型甲虫，在路上推着一个比自己身体还大、非常精巧的圆球。当时的人们把圆球看作是天空星球的象征，所以他们感到很惊奇，认为这种威武的甲虫可能是接受了“神”的旨意，才造出这般精巧的甲球来。所以，称它为“神圣的甲虫”。现在，恐怕澳大利亚的人们也会这么认为。因为澳大利亚一直以畜牧业闻名世界，但是每天众多的牛羊要留下1亿多千克粪便，使苍蝇成灾，草场退化，造成了严重的环境污染。后来，他们从中国引入蜣螂帮助“打扫卫生”，使草场又恢复了生机。

（2）捕虫神刀手——螳螂

古语云“螳臂挡车，不自量力”。相传春秋战国时代，齐庄公出巡游猎，路上遇到一只螳螂，昂首奋臂，阻拦齐庄公的车轮。齐庄公好奇地问驾车的人：“这是什么东西？”驾车的人诙谀地说：“一只不自量力的螳螂。”这个敢于挡车的螳螂，确实有着一对粗壮、厉害的螳臂，昆虫在它面前都无法逃遁。

螳螂亦称刀螂，无脊椎动物。螳螂有一对犀利的前足，收缩在胸前；长颈上顶着一个三角形的小脑袋。小小的嘴巴上，长着一对不显眼的紫黑色的颚；它的颈部是柔软的，能使头向任何方向窥视。它的神态温柔，古希腊人曾称它为“会祈祷的螳螂”。螳螂是食肉性昆虫，平时吃蝗虫、苍蝇、蚊子、蝶、蛾等害虫。一只螳螂在两三个月中，能吃700多只蚊子。

螳螂身体为长形，多为绿色，也有褐色或具有花斑的种类。螳螂平时栖息在植物上，因体色与所处环境相似，所以不易被发觉。它常常昂头抬足，观察敌情，一旦发现目标，就会像箭一样，射出挂钩，迅速地将猎物捕获，从不扑空。螳螂之所以能够准确捕食，是因为它的一对复眼有一套完整的跟踪瞄准系统。依靠这套瞄准系统，从猛扑到擒获，整个过程只要0.05秒，所以百发百中。

螳螂每年秋天开始交配。交配后，就像动画片《黑猫警长》中公螳螂对母螳螂说：“如果你爱我，请把我给吃了吧!”雌虫往往因饥饿把雄虫吃掉。每只雌虫可产四五个卵鞘，卵鞘多黏附在树枝、树皮或石块上，第二年夏天卵化，经蜕皮3~12次后，才变为成虫。

5.1.3 微生物的秘密

自然界存在着丰富的微生物种类，通过生物体、水和风等途径的散播分布在各处，无论在水体表面、海底或在土壤中都有微生物。虽然这些微生物个体微小，但在环境污染净化中却扮演着不容忽视的角色。由于微生物自身的生理特性，可以通过自发的或诱发的遗传、变异等生物过程适应环境的变化，以各种污染物尤其是有机污染物作为营养源，通过吸收、代谢等一系列反应将环境中的污染物转化为稳定无害的无机物，因而，微生物在生物圈中充当着分解者的角色。大约90%生产者都要通过分解者作用，最终形成无机物归还自然，如果没有微生物的作用，仅历年积累下的生物残体就会堆积如山。

水体中的微生物类群能够净化水体。在自然水体特别是快速流动的水体中，物理的、化学的和生物的作用都能使水体得到净化，但主要是好氧菌的分解作用，原生动物对细菌的吞噬作用，噬菌体对宿主的裂解作用，以及微生物产生的吸附性物质对有机污染物的吸附作用等，这是“流水不腐”的主要原因。还有一些特殊的生物类群，能够富集水域中的汞、铜、锌等重金属或难以进行生物降解的有机物，使水体净化。

微生物还能净化土壤。在土壤净化系统中，土壤中的根际微生物，通过代谢将土壤中的污染物进行降解、转化或生物固定，起到净化土壤的作用。植物还可以释放一些物质到土壤中，以利于微生物降解有毒化学物质，并可刺激根际微生物的活性，使其数量增加。这些物质包括酶及一些有机酸，它们与脱落的根冠细胞一起为根际微生物提供重要的营养物质，促进根际微生物的生长和繁殖。研究表明，有植物生长的土壤根际微生物明显比无植物生长的土壤中多，这些增加的微生物便能加强环境中有机物质的降解。植物释放到根际土壤中的酶系统也可以直接降解有关化合物。土壤中真菌、放线菌、细菌等微生物区系的降解作用，土壤中的动物区系的代谢作用，对于含氮、磷、钾的有机物有较理想的净化作用。

微生物净化作用对保持海洋生态系统平衡显得尤为重要。某些细菌、真菌能以石油作为生长能源和基质，石油在一种或者几种微生物的共同作用下可以被降解转化。自然界存在着200多种可以降解石油的微生物。20世纪60年代，微生物学家开始探索分离纯化自然界中存在的这些菌种的方法，并进行工厂化量产，来清理因油轮失事而被石油污染的海滩。20世纪80年代初，一系列以碳氢化合物作为营养和促进碳氢化合物分解的菌种品系被分离出来，并且能在人工控制条件下工厂化生产，利用这些微生物来清理被石油污染的海滩获得成功。事实证明，生物净化是一项实用性和有效性很强的环境工程技术。

千百年来，有一些隐士在悄悄地帮助人类杀灭害虫，保护庄稼。它们就是微生物王国中的灭虫勇士。然而，它们的功绩直到近百年来才被人们发现。1911年，德国人贝尔奈在苏云金这个地方的一家面粉厂里，发现有一种寄生在昆虫体内的细菌，有很强的杀虫力。于是，人们称这种细菌为苏云金杆菌。

苏云金杆菌长得像根法国长面包，矮矮胖胖，身高不到0.005毫米。它长到一定阶段，身体一端会形成一个卵圆形的芽孢，用来繁殖后代；另一端便产生一个菱形或类似正方形的结晶体，因为它与芽孢相伴而生，我们叫它伴孢晶体，有很强的毒性。当害虫咬嚼庄稼时，被吃进肚里的苏云金杆菌，就像钻进铁扇公主肚子里的孙悟空一样，在害虫的肚子里大显威风。它的伴孢晶体含有的毒素可以破坏害虫的消化道，引起害虫食欲减退，行动迟缓，呕吐腹泻；而芽孢可以通过破损的消化道进入害虫的血液，在血液中大量繁殖而造成败血症，最终使害虫一命呜呼。

苏云金杆菌的发现，为人们利用微生物消灭植物病虫害提供了美好的前景。现在，人们已经用发酵罐大规模地生产苏云金杆菌，然后经过过滤、干燥等过程制成粉剂或可湿剂、液剂，喷洒到庄稼上，对棉铃虫、毒蛾、菜青虫、松毛虫以及玉米螟、高粱螟、三化螟等100多种害虫有不同的致病和毒杀作用。

5.2 藏羚羊的跪拜——物种的减少

一直以来，人类以地球主人的姿态主宰着地球同时也伤害着地球。森林的乱砍滥伐，石油的肆意开采，毒物的任意排放……无辜的生物在承受着人类带来的苦果，我们也终将尝其恶果。

世界上，动植物灭绝的速度在惊人地上升。远古时期，500年才有一种兽类灭绝，20世纪以来，4年就有一种哺乳动物消失，是正常灭绝速度的125倍。自从1850年以来，已经有超过75种鸟类和哺乳动物从地球消失，现在警报拉响，世界范围内有超过2500种植物和1000多种动物正处在濒临灭绝的危险中。

5.2.1 可可西里的骄傲——藏羚羊

“往往是生物遭到残杀、栖息地被吞噬之后，或者物种已经无法挽救、成为梦影的时候，针对危机，保护工作才得以开始。”全球知名生物学家夏勒在《西藏生灵》中写道。

藏羚羊是中国特有的物种，被称为“可可西里的骄傲”。属牛科，藏羚属，别名长角羊、羚羊，喜群居，主要分布在我国青海、西藏、新疆三省区，现存野生种群数量在21万~23万只。由于藏羚羊独特的栖息环境和生活习性，目前全世界很少有动物园或其他地方人工饲养过藏羚羊。

藏羚羊因为适应高寒气候，所以藏羚羊羊绒轻软纤细，弹性好，保暖性极强，被称为“羊绒之王”，也因其昂贵的身价被称为“软黄金”。用藏羚羊羊绒做成的“沙图什”是一种美丽华贵的披肩。一条长1~2米、宽1~1.5米的“沙图什”重量仅有百克左右，轻柔地把它攥在一起可以穿过戒指，所以又叫“指环披肩”。这种披肩已成为欧美等地贵妇、小姐显示身份、追求时尚的一种标志。其古老的加工技术来自克什米尔地区，100 多年前传入欧洲，并受到达官贵人的青睐。

藏羚羊羊绒是制作“沙图什”的唯一原料，但是藏羚羊奔跑迅速，难以被活捉，盗猎者只好采用简单屠杀来摘取藏羚羊皮上的羊绒，每只藏羚羊身上只能取绒 125 ~ 150 克。据印度野生动物保护协会提供的资料显示，一条长 2 米、宽 1 米、重 100 克的“沙图什”需要以 3 只藏羚羊的生命为代价。当贵族阶层以“沙图什”作为追求消费的时尚时，正是藏北高原上的生灵遭到涂炭之日；藏羚羊羊绒昂贵的价格及其巨大的市场需求，给藏羚羊带来了灭顶之灾。据统计，1970 年之前藏羚羊有 100 多万只，但随着 20 世纪 70 年代中期人类对藏羚羊羊绒的巨大经济价值的认知和开发，70 年代至 90 年代中期的 20 多年内，偷猎现象便开始频发，甚至有过一年杀害几万头藏羚羊的纪录，这使得它们的族群在 90 年代便直线急速下降，到了 1995 年仅有 5 万多只。但目前由于自然保护联盟和国际社会的广泛关注和大力保护，它们的数量已明显有所回升，现存约 22 万只，藏羚羊被偷猎现象现在几乎已经绝迹。

5.2.2 越来越少的物种

与藏羚羊一样，在世界范围内很多生物物种濒临灭绝，灭绝的速度也在不断地加快（彩插 5 - 2 ~ 彩插 5 - 4）。国际自然及自然资源保护同盟发表的调查材料显示，从 100 万年前到现在，平均每 50 年就有一种鸟类灭绝；最近的 300 年，动物灭绝的速度十分惊人，平均每两年就有一种鸟类灭绝；近 100 年，每年就要有一种鸟类灭绝。哺乳动物的灭绝速度更快，在热带森林，平均每天至少灭绝一个物种。现在每年有数千种动植物灭绝，并呈加快趋势。据科学家估计，现在世界上有 1200 种动物濒于灭绝，每天将有一种动物从地球上消失。为什么生物物种灭绝的速度在不断地加快呢？

生态环境的破坏是首要的原因。随着人口的增长和森林的砍伐，使生物失去生长繁殖的栖息环境。濒于灭绝的珍稀鸟类朱鹮，原来分布相当广，因为人类砍伐树木，使它们失去营巢繁殖条件，数量锐减。人们一度以为朱鹮已经灭绝。直到1982年，人们才发现这种鸟全世界只有15只，我国仅陕西洋县有11只，另4只在日本。我国特有的大熊猫，由于食物——箭竹枯萎，正面临挨饿灭绝的危险。

其次是滥伐乱捕。由于过度猎捕，使不少野生动物灭绝。欧洲殖民者为了大量商业化获取牛皮，19世纪打死猎杀美洲野牛，使野牛近乎绝种，19世纪末减至几百头。舟山渔场盛产的黄鱼、墨鱼、带鱼等鱼类，由于被过度捕捞，产量已急剧下降，尤其是黄鱼，已形不成鱼汛。

人类对动物栖息地的肆意破坏，例如城市建设、矿山开发、扩大耕地、修筑水库等，使野生动植物的生态环境发生变化，也是导致它们灭绝的原因。由于大量开荒种粮，导致植物资源急剧下降，如银杉、银杏、珙桐、连香树等均处于濒灭境地。同时，工业“三废”的排放和化学农药的使用，污染了大气和水体，危害生物的生存，使野生动物数量明显下降。虽然热带森林相对面积小，但是破坏的后果对生物物种的影响非常大，因为全球50%～90%的物种生活在这里，如南美洲亚马孙河流域。人们对热带雨林的过度砍伐，对野生动植物的捕杀和采集，都造成了野生动植物的灭绝，使许多已知未知的物种正在从地球上消失。

人类盲目地引进物种也会引起物种的灭绝。岛国毛里求斯曾有两种特有的生物渡渡鸟和大颅榄树。渡渡鸟是一种不会飞的鸟，行动缓慢，喜欢在树林中建窝孵蛋，繁殖后代。大颅榄树是一种珍贵的树木，树干挺拔，木质坚硬，树冠秀美。在16世纪，有人带了一些猪到岛上。猪大量繁殖，吃掉了渡渡鸟的蛋，加上人们用枪捕杀跑不快的渡渡鸟，结果渡渡鸟消失了。奇怪的是，大颅榄树也渐渐地消失了。原来，大颅榄树要靠渡渡鸟吃下它的果实，消化掉种子外的硬壳，种子才能发芽。渡渡鸟消失了，大颅榄树无法生根发芽生长，也就随之消失了。

5.3 霸道生长的凤眼莲——物种的入侵

将一个物种引入过去从未出现过的环境中，常常会给本地物种带来灭顶之灾。在澳大利亚，外来狐狸大肆捕捉当地的珍稀动物；在非洲，几种本地的太平洋帕图拉蜗牛由于捕食者玫瑰蜗牛的出现而灭绝了……

5.3.1 疯狂的污水净化器——凤眼莲

凤眼莲又名水葫芦，属于雨久花科。凤眼莲叶片呈圆形或卵形，叶柄中部膨大如葫芦。由于它的茎中海绵组织发达，气囊大量充气，所以能直立或漂浮在水面上。夏季开花，穗状花序，花冠蓝紫色，漏斗状6裂。凤眼莲的老家在南美洲的委内瑞拉，1844年在美国的博览会上曾被喻为“美化世界的淡紫色花冠”。自此以后，凤眼莲被各国作为观赏植物引种栽培。

凤眼莲对其生活的水面采取了野蛮的封锁策略，挡住阳光，导致水下植物得不到足够光照而死亡；破坏水下动物的食物链，导致水生动物死亡。同时，任何大小船只也别想在水葫芦的领地里来去自由。不仅如此，具有富集重金属能力的凤眼莲，死后腐烂体沉入水底形成重金属高含量层，直接杀伤底栖生物。真可谓三位一体式的灭绝战术！

图5-3 凤眼莲

凤眼莲由于繁殖迅速，在环境中几乎没有竞争对手和天敌，在北纬40度（葡萄牙）至南纬40度（新西兰）之间的大部分热带、亚热带地区均有分布，现已在亚洲、非洲、欧洲、北美洲等的数十个国家造成危害。

凤眼莲19世纪时被引入东南亚，30年代作为畜禽饲料引入我国内地各省，并作为观赏和净化水质的植物推广种植，后逃逸为野生。由于其无性繁殖速度极快，现已广泛分布于华北、华东、华中、华南和西南的19个省市，滇池、太湖、黄浦江及武汉东湖等著名水体，均出现过凤眼莲泛滥成灾的情况，耗费巨资也无法根治。

虽说水葫芦本身有很强的净化污水能力，但是大量的水葫芦覆盖河面，容易造成水质恶化，影响水底生物的生长。水葫芦繁殖速度极快，生长时会消耗大量溶解氧，几乎成了“污染”的代名词。

水葫芦给滇池造成损失的案例是入侵物种危害的经典案例之一。20世纪80年代，昆明建成了大观河—滇池—西山的理想水上旅游路线，游客可以从市内乘船游览滇池、西山。但是20世纪90年代初，大观河和滇池里的水葫芦疯长成灾，覆盖了整个河面和部分滇池的水面，使游船不能正常行驶，致使这条旅游路线被迫取消，在大观河两岸兴建的配套旅游设施也只好废弃或改做其他用途，大观河也改建成地下河。

5.3.2 探索外来物种入侵

生物学上，外来物种是指出现在其过去或现在自然分布范围和扩散潜力以外的一种物种、亚种或低级分类群，包括这些物种能生存和繁殖的任何部分、配子或繁殖体，可以在新的栖息地繁殖并建立稳定种群。

生物入侵最根本的原因是人类活动把这些物种带到了它们不应该出现的地方，因此，我们称这些物种是“有害的”，实际上对这些物种而言是不公平的，它们只是待错了地方。

我国从外地或国外引入优良品种有着悠久的历史。早期的引入常常通过民族的迁移和地区之间的贸易实现。公元前4世纪和1世纪时分别通过古代著名的“蜀身毒道”和“丝绸之路”引入了原产非洲的酸豆以及原产中亚的葡萄、紫苜蓿、石榴、红花等经济植物的种子。现在我国养殖、种植单位大部分引种是以提高经济收益、观赏、环保等为主要目的的，例如，引进凤眼莲作为牧草或饲料，引进万寿菊作为观赏植物，引进决明子作为医用药物，引进大瓶螺作为食物，以及在城市景观建设中引进国外的草种。

同时，随着各国间对外交流的不断扩大，国际贸易的频繁开展，国际旅游业的快速升温，很多外来入侵生物是随人类活动而无意传入的。通常是随人或随产品通过飞机、轮船、火车、汽车等交通工具，作为偷渡者或“搭便车”来到新的环境中，如偷渡的黑鼠造成了世界范围的鼠害。除交通工具外，外来入侵生物还可借助建设开发、军队转移、快件服务、信函邮寄等途径隐秘地传入新环境。

有针对性地引进优良动植物品种，既可以丰富当地的生物多样性，又能带来诸多效益。但若由于引种不当，管理不力，使新物种逃逸成为野生，危害到当地的生态系统平衡，则成为有害物种。以我国养殖生物为例，鲍、牡蛎、扇贝、对虾、鱼类、藻类等从国外引入大量亲体，甚至新物种，在养殖过程中由于各种原因导致养殖对象进入自然海域，不仅侵犯了当地土著生物的生存空间、饵料，争夺当地物种的生态位，而且有可能会传播疾病，与土著生物杂交导致遗传污染，降低土著生物的生存能力，导致土著生物自然群体数量降低，甚至濒于灭绝。

5.4 物种的进化——人类驱动的非自然选择

达尔文生物进化论中提出物种的进化是物竞天择、自然选择的结果，但是随着人类的科学技术和经济的发展，人类对大自然的过度需求不仅造成了物种的大灭绝，还影响着存活物种的进化，这便是非自然选择。人类的驱动力与自然选择漫长过程相反，随着环境的巨变，进化可能以极快的速度发生。因此，当我们越来越快、越来越剧烈地改造着地球环境时，我们已变成驱动进化的主要力量。美国加利福尼亚州斯坦福大学的斯蒂芬·帕伦比博士说：“人类活动造成的强烈生态效应是显而易见的，因此也带来了规模惊人的进化改变。”

墨西哥的索克人每年都会举行一种宗教仪式，他们把一种有毒植物研碎、混合起来，倒进当地岩洞中的一条河里（图5-4），所有中毒而漂上水面的摩利鱼，都被看作是上天赐予族人的礼物。不过老天爷似乎是站在鱼这一边的，生活在有毒河段的鱼，已逐渐产生了对该种植物的有效毒素——鱼藤酮的抗性。

一个小小的宗教仪式竟能推动鱼类的进化，可想而知，我们对这个星球所做

图 5－4　索克人的捕鱼仪式

的其他一切会引起何种结果。我们把草原和森林变成了农田和城市，同时向大气和水体排放污染物；我们捕杀一些物种直至濒危或者灭绝，同时又把新的害虫和病原体引进到世界的每个角落；更不用说人类活动所致的全球气候的剧烈改变。

迄今为止，在自然界中观测到的最快进化速率，就来自那些被人类采摘或捕猎的植物和动物。根据我们掌握的少数几个种群的数据，它们的平均进化速率，为仅处于自然压力下的种群的三倍。

植物和动物应对人类压力而进化的多种方式，其中一些改变可视为好事，比如重度污染地区的动物进化出生存本领。另外一些，从我们的角度来看则为坏事，比如害虫对杀虫剂产生抗性。无可争辩的是，不管涉及种植作物喂饱肚皮、保护野生动物，还是消灭床上的臭虫，人类驱动的进化都是一个再也不容忽视的因素。

自然界中，大部分猎食动物捕杀幼弱的猎物。人类却相反，枪筒专门对准那些最大、最强，或者拥有我们贪恋之物的动物，比如硕大的鹿角。再加上我们在杀戮方面的卓越本领，导致我们的猎物为了生存，在飞快地进化。最早的证据发表于 1942 年，此后又涌现出许多例子，表明猎人的行动可以改变猎物。例如，对大型动物的捕猎造成一些地区的驯鹿平均体型变小；以收藏为目的的狩猎则让加拿大大角羊和法国的欧洲盘羊生出了较小的角。

最为戏剧化的例子大概是象牙的缩小，甚至完全消失。在赞比亚东部，由于偷猎，无牙雌象的比例已从1969年的10%，蹿升至1989年的40%。非洲的其他许多地区也出现了无牙象比例的升高，只是势头稍弱，甚至一部分雄象也失去了獠牙。人类活动在亚洲造成的影响甚至更大。只有雄性亚洲象有獠牙；在许多地区，无牙雄象的比例已经激增。班加鲁鲁的印度科学研究所的亚洲象专家拉曼·苏库摩尔曾经说，在偷猎猖獗的斯里兰卡，只有不到5%的雄象还有獠牙。通过德国波茨坦大学的拉尔夫·泰德曼的模拟实验则发现，雌象偏好选择有牙雄象，这种自然选择在一定程度上抵消了偷猎的效应。即便如此，就算现在偷猎全数停止，仍需经过很长的一段时间才能让有牙象的比例重新上升。

被人类爱好所左右的不止是动物。对野生植物的开采与渔猎的影响与之类似。例如在西藏地区，作为中药经常被采摘的雪莲，现在开花时的植株高度在过去100年里几乎逐渐降低了一半。

为了取得平衡，一些生物学家建议采用“补偿性择杀”的方法来抵消捕猎带来的进化压力——也就是说，去杀那些性状不符合我们喜好的动物。实际上，这个方法已经在一些地方实施很久了，如德国和波兰，人们有狩猎无角或小角幼鹿的传统，以此来防止成年雄鹿鹿角的逐年缩小。

从1947年至1976年的29年间，美国有两家工厂把重达5亿千克，名叫多氯联苯（PCB）的一类化学物质倒进了位于美国东北部的哈得逊河。大西洋小鳕，一种貌不惊人、体长约10厘米的鱼进化出了抗性。

但是，人们没有想到，一个物种的污染物抗性可能给另一物种带来意想不到的影响。例如，小鳕的耐受性导致高浓度PCB在其体内富集，也就威胁到了食物链上游的动物——欲饱鱼肉之鲜的人类。

而实际上，这种人类驱动下的快速进化中藏着一个两难之局：生物进化得越快，继续进化的空间就越小。这是因为，快速进化发生的一个必要条件，就是种群每个世代的个体中只有小部分得以繁殖延续，因此造成了遗传多样性的快速流失，而后者恰恰是下一步进化的动力之源。很多时候，种群规模也会急剧缩小，导致灭绝的危险更大。“你可以进化得飞快，但就是活不下去。”美国缅因州奥罗诺大学的迈克尔·肯尼森博士如是说。

5.5 保护人类的朋友——生物

自然界中的生物是人类的朋友，无私地为人类提供大量的食物、医药以及工业原料，渔业发展离不开水生动物，如果没有益鸟、益虫的保护，农业生产也难以正常进行，同时它们的栖息地也为我们提供了丰富的旅游资源。生物不仅为人类提供经济价值，还具有重要的科研价值。丰富多彩的生物世界是一个庞大无比的天然“基因库”，每种生物都有它的遗传特性，各种优良品质的基因可以为人类进行生物工程的研究提供各种丰富的基因材料。

在地球上，每一个生物都有生存的权利，保护全球生物不仅需要世界范围内的国际行动，而且需要我们从身边的小事做起。

5.5.1 地球的生命力并不旺盛

地球上数百万物种构成了人类和其他生物赖以生存的生态系统和生态环境。生态环境中的生态平衡是动态的平衡。一旦受到自然和人为因素的干扰，超过了生态系统自我调节能力而不能恢复到原来比较稳定的状态时，生态系统的结构和功能遭到破坏，物质和能量输出输入不能平衡，造成系统成分缺损（如生物多样性减少等）、结构变化（如动物种群的突增或突减、食物链的改变等）、能量流动受阻、物质循环中断，轻则造成生态失调，严重的就是生态灾难。然而人类不断增长的资源需求对地球上的生物多样性造成了巨大的压力。

我们人类给地球把脉问诊了，在《地球生命力报告 2012》中，强调了生物多样性丧失的惊人速度——1970 年至 2008 年全球范围内生物多样性减少了 28%，并通过地球生命力指数和生态足迹衡量物种丰富度的变化。通过 2688 个分布在不同生态系统和地区的哺乳动物、鸟类、爬行类、两栖类及鱼类物种中的 9014 个种群的规模变化趋势来衡量地球上生物多样性的变化。地球生命力指数表明全球生物多样性健康状态比 1970 年下降了 28%，1970 年至 2008 年，热带地区地球生命力指数下降率约达61%。生态足迹通过比较人类所消耗的可再生资源和地球的再生能力来追踪人类对生物圈的需求。生态足迹研究指出了人类持续过度消耗资源的趋势。2008年，全球总生物承载力是120亿全球公顷，人均1.8全球公顷；而人类的生态足迹是182亿全球公顷，人均2.7全球公顷。这一差距意味着我们正处于生态超载状态：地球要花费一年半的时间才能重新生产人类一年所用掉的可再生资源。我们正在消耗我们的自然资本，而不是由它产生的利息。

5.5.2　生物多样性和生态系统服务

生物多样性对人类的健康和生存至关重要。生物体（包括植物、动物和微生物）间的相互作用形成复杂的、互相联系的生态系统和栖息地网络，继而提供了所有生命赖以生存的一系列生态系统服务。尽管科学技术可以代替一些生态系统服务或者减缓其退化的速度，但是大部分生态系统服务依然是无可替代的。了解生物多样性、生态系统服务与人类之间的相互关系，才能保障人类社会未来的安全、健康和福祉。

在生态系统多样性方面，我国具有地球陆地生态系统的各种类型，其中，森林212类，竹林36类，灌丛113类，草甸77类，荒漠52类。中国淡水水域生态系统复杂，自然湿地有沼泽湿地、近海与海岸湿地、河滨湿地和湖泊湿地4大类，近海有黄海、东海、南海和黑潮流域4个大海洋生态系统，近岸海域分布滨海湿地、红树林、珊瑚礁、河口、海湾、泻湖、岛屿、上升流、海草床等典型海洋生态系统，以及海底古森林、海蚀与海积地貌等自然景观和自然遗迹。在人工生态系统方面，主要有农田生态系统、人工林生态系统、人工湿地生态系统、人工草地生态系统和城市生态系统等。

在物种多样性方面，我国拥有高等植物34 792种，其中，苔藓植物2572种，蕨类2273种，裸子植物244种，被子植物29 703种。我国有脊椎动物7516种，其中，哺乳类562种，鸟类1269种，爬行类403种，两栖类346种，鱼类4936种。列入国家重点保护野生动物名录的珍稀濒危野生动物共420种，大熊猫、朱鹮、金丝猴、华南虎、扬子鳄等数百种动物为我国所特有。已查明真菌种类

10 000多种。

在遗传资源多样性方面，我国有栽培作物528类1339个栽培种，经济树种达1000种以上，我国原产的观赏植物种类达7000种，家养动物576个品种。

我们怎么维持生物多样性和生态系统服务功能，如何让它们成为人类的好朋友呢？

5.5.3 生物多样性就地保护

生物多样性是地球上生命经过几十亿年发展进化的结果，是人类赖以生存的物质基础，包括生态系统多样性、物种多样性和遗传多样性。各种物种之间相互依赖，维持着生态系统的平衡，如果某一环节受到破坏，将影响整个生态系统的平衡，给生态系统带来严重的灾难。有一种植物消失了，以这种植物为食的昆虫就会消失；某种昆虫没有了，捕食这种昆虫的鸟类将会饿死；鸟类的死亡又会对其他动物产生影响。所以，人类的生存和发展都离不开生物的多样性，我们在利用这些自然资源的同时更要注重保护其平衡。生物多样性就地保护，就是保护原生态的环境，使被保护的生物能够更好地生存，不用再花时间去适应新环境。

卧龙自然保护区就是为了保护大熊猫而建立的就地保护区，位于我国四川省阿坝藏族、羌族自治州汶川县西南部，邛崃山脉东南坡，始建于1963年，面积20万公顷，是我国最早建立的综合性国家级保护区之一，是国家和四川省命名的“科普教育基地”“爱国主义教育基地”，以“熊猫之乡”“宝贵的生物基因库”“天然动植物园”享誉中外，有着丰富的动植物资源和矿产资源。

卧龙自然保护区地理条件独特、地貌类型复杂，风景秀丽、景型多样、气候宜人，集山、水、林、洞、险、峻、奇、秀于一体，还有浓郁的藏、羌民族文化。区内建有相当规模的大熊猫、小熊猫、金丝猴等国家保护动物繁殖场；保护区内被列为国家级重点保护的其他珍稀濒危动物如金丝猴、羚牛等共有56种，其中属于国家一级重点保护的野生动物共有12种，二类保护动物44种。据统计，区内其他动物种类如下：脊椎动物有450种，其中兽类103种，鸟类283种，两栖类21种，爬行类25种，鱼类18种；昆虫约1700种。据已采集的植物标本统计，区内植物有近4000种。高等植物1989种，在种子植物中，裸子植物

20 种，被子植物 1604 种。被列为国家级自然保护的珍贵濒危植物达 24 种，其中一级保护植物有珙桐、连香树、水清树，二级保护植物 9 种，三级保护植物 13 种。

卧龙自然保护区内共分布着 100 多只大熊猫，约占全国总数的 10%。有世界著名的“五一棚”大熊猫野外观测站，有国内迄今为止以单一生物物种为主建立的博物馆的大熊猫博物馆。中国保护大熊猫研究中心自成立以来，通过不懈的努力，成功攻克了圈养大熊猫人工繁育工作中的“发情难、配种受孕难、幼仔成活难”的三大难关，人工繁殖大熊猫 48 胎、72 仔，成活 59 仔，幼仔存活率已经连续 5 年达到 100%，圈养大熊猫总数达到 80 余只，占世界圈养种群的 60%，使以大熊猫为主的野生动植物资源和高山生态系统得到有效保护。

5.5.4 人人都可献出一点爱

国际社会在关注生物多样性，我们每一个人都可以为之做出一点贡献。我们是否可以抵御野味的诱惑，皮毛的时尚，宠物的贸易，狩猎的爱好呢？我们是不是可以珍爱生命，放生它们呢？

(1) 更合理的消费

人类从诞生之日起就开始了捕食野兽的行为，早期的捕猎对野生动物影响很小。但是，随着人口的激增，商业化狩猎变得疯狂，野味成了餐桌上的美食，比如野生癞蛤蟆由于肉味异常鲜美，已经成了智利人民的佳肴；中美洲和南美洲出产的水豚，可以养到猪一般大，成了委内瑞拉人民食用的牛肉的代用品。我们是不是可以少消费或不消费呢？人们不仅抵挡不了美食的诱惑，甚至以披着动物的毛皮为时尚和炫耀的资本。传统医药中的熊胆和虎骨，已经发展成非法高昂的走私贸易；做成皮包的鳄鱼皮和蛇皮，披在有钱人身上的皮草，一些动物成了时尚的牺牲品！甚至，在日常生活中，我们养宠物也危害到物种繁衍，一些珍稀动物由于广受欢迎而成为家养宠物，如变色龙、红膝狼蛛、凤尾蝶、金刚鹦鹉，它们由于做宠物而野生物种更少，或者在非法宠物走私中在拥挤肮脏的环境中发生禽流感而死亡。

让我们牢记：没有买卖，就没有伤害。

（2）保护动物，正确放生

如果有一天，你穿越到和动画片《变形金刚》一样的赛博坦星时，你发现邪恶霸天虎占领了地球，把人类掳去塞博坦星做了宠物。最后，善良的汽车人打败了霸天虎，营救了人类。汽车人决定送你们人类回家，当你满心欢喜地走进回家的飞船，“哐当”舱门关闭，这时你惊讶地发现自己所乘坐飞船的目的地赫然写着“火星”。你绝望地把扭曲的脸贴在舱门上，高喊：“我是地球人，我要回家!”听不懂你呼喊的汽车人一脸憨笑着对同伴说：“看这些可怜的小火星人，还不得舍我们呢!”飞船发射，永不回头。这么一个无厘头的开场，是想借助拟人化的想象来强化这种理解：盲目的放生就是杀生。

“放生”是流传在崇尚佛教的东亚国家的特有现象，而在西方，它只是野生动物复健的最后一个环节。所谓野生动物复健，是指为那些受伤、遭遗弃或者其他需要帮助的野生动物提供救护、安置、喂养，最终使其返回自然正常生活的活动。

一个古老的寓言故事《列子·说符·献鸠》，讲述了这个简单的道理。邯郸之民，以正月之旦献鸠于简子，简子大悦，厚赏之。客问其故。简子曰：“正旦放生，示有恩也。”客曰：“民知君之欲放之，竞而捕之，死者众矣。君如欲生之，不若禁民勿捕。捕而放之，恩过不相补矣。”简子曰：“然”。赵简子通过在正月初一放生来显示“有恩”，或许真的是出于善心。而人们因为其放生的需求，争相去捕捉“被放生”的动物，每一只被捕获、被贸易的动物，都意味着更多动物的死亡。今天，甚至有人专以贩卖放生动物为业。2009年6月，第二届广东休渔放生节上，许多小鱼小虾小海龟被“志愿者”和“爱心人士”放生大海，其中一只不愿下水的“小海龟”被工作人员奋力掷进了南海。这一幕被媒体记者拍下并登上了报纸。殊不知那位爱心人士把一只陆龟淹死在了海里。仔细看照片上那只对人类“恋恋不舍”的小龟赫然长着四条柱子一样的腿，经过鉴定，那是一只原产于云南、广西的国家二级保护动物，被世界自然保护联盟列为濒危物种的缅甸陆龟，这只小家伙别说不能下海，即便是在淡水里也无法生存。

法国大思想家蒙田在《热爱生命》一书中写道：“我们的生命受到自然的厚

赐，它是优越无比的。”地球上的任何生命都是经过无数年的演变才出现的，都值得我们敬畏。人和动植物同住在地球村，我们应该尊重这些朋友的生命，爱护它们，不要为了自己的私欲贪婪而去残害虐待这些无辜的生物。当我们残害虐杀动植物的时候，它们连申诉的能力和机会都没有。希望大家都能关爱这些大自然赐予人类的朋友，爱及生灵，尊重生命，让我们一起去保护、善待动植物，共同促进人与生物的和谐发展。

6　我们的家园

人类居住环境根据其发展的时间序列及相应的形态，有这样的演化过程：史前时期的部落，农耕文明时代的村庄、集镇、城市，工业文明时代的村庄、集镇、城市、城乡一体地带，后工业文明时代的村庄、集镇、城市、城乡一体地带，以及后工业文明之后的远景。随着生产力的发展，人类的生活从“日出而作，日落而息”这样单纯的为生存忙碌逐步转向工作、休闲、娱乐、旅游、度假相结合的多样化生活。

史前时期聚居环境建设几乎全是利用自然资源。农耕时代则以自然资源为主，人工资源为辅。什么叫作自然资源呢？对于聚居环境，阳光、风、地形、自然的河流湖泊，这些都是自然资源。聚居环境利用自然资源的方式很多，例如将自然的溪水引进建筑室内及其周围来降低环境温度，最后演变成了园林中的规则式水道，这是400年前印度莫卧儿王朝就已采用的做法。

现代聚居环境的建设在满足居住者日益挑剔的需求时，建筑规模的快速扩大导致了土地的盲目占用、资源的大量消耗和环境的极度破坏，所以同古人的生存空间活动相比，现代人类家园的建设不仅是修路筑桥、栽花种树、造房子，还要考虑建筑所引起的空间、材料、资源的消耗，更要考虑环境保护，文化传承。

6.1　无法喘息的地球母亲——人口危机

2011年10月31日，菲律宾婴儿丹妮卡·卡马乔的诞生象征着世界人口突破70亿。也许很多人会感到诧异，这个“70亿”到底是怎么算出来的？

人类在地球上生活了几百万年，在开始的岁月里，人口数量的增加是非常缓慢的。公元初年时，全世界总人口只有2.7亿，1830年世界人口才达到第一个10亿。中世纪前后，疾病、战争是阻碍世界人口发展的主要原因，直到近代农业革命和工业革命的兴起，医疗卫生条件得到改善，婴幼儿死亡率降低，人类预期寿命上升，世界人口才呈现陡然上升的趋势。1930年增至20亿，1960年增至30亿，1975年增至40亿，1987年7月11日达到50亿。第二、三、四、五个10亿人口的增加时间分别用了100·年、30年、15年、13年。现在世界上每年增加7500万人，每天增加20多万人，每秒增加2.5人。中国是世界上人口最多的国家，近40年增加了一倍，到2005年1月6日达到了13亿，因此这一天被定为"中国13亿人口日"。

图6-1　无法喘息的地球

世界上第一次真正意义上的人口普查是美国在1790年进行的，此后规定每十年进行一次人口普查。普查需要调查员挨家挨户地寻访，记录每户居民的人数和他们的名字。第一次人口普查对奴隶也进行了统计，但根据当时美国宪法中的"五分之三"条款，每位黑奴只能折抵3/5个自由民，美洲印第安人因不参与当时美国政府的赋税和利益分配，未被列入普查对象。美国第一次人口普查的统计数字为390万。此次普查虽算不上是成功，且仍带有种族歧视色彩，但在它结束后，自杀率、犯罪率、宗教分布、男女比例等社会学概念开始逐渐形成，这在经济和政治学上具有深远的影响。

我们如何计算世界人口的多少呢？现如今，联合国通过综合各国的统计数据，便可知晓世界人口变化的详细情况。联合国经济及社会理事会下属机构人口司成立于1946年，从20世纪50年代初开始负责世界人口的统计和预测工作。他们每两年发布一份世界人口前景报告。这份报告综合了最新的人口普查、人口调查、人口登记册及从其他来源获得的数据。

现在地球上生活着70亿人口，而且数量还在不断地飞速增长。人口的增加得益于卫生、医药、食物供应等方面的改善。在某些方面来看人口增长是好事，这说明人们的健康状况比以前更好了。但激增的人口数量也带来了许多问题，因为我们需要更多的食物、能源以及空间。2000多年前的古人就表现出了对人口过剩的担忧，韩非子在《五蠹》中写道“今人有五子不为多，子又有五子，大父未死而有二十五孙，是以人民众而货财寡，事力劳而供养薄”，这是古代简单的人口数量模拟计算模式，到今天，关于人口增长的模型已经非常复杂，涉及人类学、人口统计学、历史和社会学、群体遗传学、流行病学等多个领域。

随着人口的激增和消费水平的提高，人类对地球资源的需要量也越来越多。但是，地球环境的空间不会增加，资源的储量和再生能力有限。因此，人类对环境的压力与冲击就变得越来越大。现在，最重要的是我们正面临着很严肃的人口控制问题。当初马尔萨斯认为的制约人口增长的重要因素——食物不足问题，也渐渐地被解决了。“第70亿人口日”的意义其实是为了唤醒我们全人类对自身生存环境的危机意识。同时我们也不能忘记，人类并不是地球上的唯一居民。这些问题正是我们应该思考的。

民以食为天，食以地为本，人口越来越多导致人均耕地将越来越少。据联合国粮农组织统计，世界人均耕地从1975年的0.31公顷将下降到21世纪末的0.15公顷；中国人均耕地也将从2009年的0.09公顷下降到21世纪末的0.08公顷，耕地减少必然导致粮食总产量下降，这将成为威胁人类生活的严重问题。

自然环境的承载力受到人口数量激增的挑战。森林毁坏更为严重。随着人类对木材的需求增加，大肆砍伐树木造成地球上森林面积日益减少，由此带来土地沙漠化，致使大片土地被弃耕。矿物资源日益枯竭，石油、煤炭等供应将会紧张。用水量相应增加，随着许多水体被污染，水资源日益不足。同时，人们生活和生产排出大量二氧化碳、硫氧化物、氮氧化物，不仅会引起酸雨，还可增强温室效应，改变地球整个气候。

随着人口的激增，越来越多的人拥向城市，寻找更多的工作机会和更好的生活条件，城市急剧膨胀。由于人口过于密集，造成城市空气混浊、水质变坏、噪声扰人、垃圾成堆，以及住房紧张、交通拥挤。在中国香港，为了缓解人口数量带来的用地压力，已开始填海造地用于修筑写字楼和公寓，甚至还将一片自然海滩改建成了国际机场。

面对日益严重的人口压力，人类应当学会控制自己，实行计划生育，提高人口质量，创造一个良好的社会、自然环境。

6.2 城市，让科技改善生活

6.2.1 沟通无极限——便利的城市生活

早期，人类居无定所，逐水草而居。祖先们聚集成群，才能获得对付凶猛动物的胜利。随着群体的壮大，人类的收获逐渐丰富，要将抓获的猎物储藏起来，便选择了水草丰美、动物繁盛的区域定居下来。为了抵御野兽的侵扰，祖先便在驻地周围扎上篱笆，形成了早期的村落。随着人口的繁盛，村落规模也不断地扩大，便形成若干个群体。收获丰盈的群体，把多余的猎物与其他群体换取自己没有的东西。于是，为防御而建的“城”，以及因交易而生的“市”，就成了城市的雏形。建造城市，是人类改造地球起步最晚，但也是最彻底的一步，是人类最伟大的发明与最美好的希望。

美国作家爱德华·格莱泽在《城市的胜利》一书中写道：高密度的城市生活，不仅有利于保护自然生态，而且还能刺激创新。高密度都市中面对面的人际交流、多元文化的碰撞，自古以来就是人类进步的引擎。佛罗伦萨的街道给我们带来了文艺复兴，伯明翰的街道给我们带来了工业革命。当前伦敦、班加鲁鲁和东京的高度繁荣得益于它们产生新思想的能力。漫步在这些城市——不论是沿着用鹅卵石铺就的人行步道还是在四通八达的十字街头，不论是围绕着环形交叉路口还是高速公路——触目所及的只有人类的进步。

图6-2　立交桥

当你想到巴黎的时候，你的脑海中会浮现出什么？沿着巴黎的香榭丽舍大道从凯旋门走向卢浮宫，可能就像在穿越历史一样。这条大道是全球最著名的林荫大道之一，法国王后玛丽亚·安东尼特曾在这里骑马，希特勒曾在这里阅兵，无数游客曾在这里吃过冰淇淋。沿途经过克利翁大酒店，海明威曾在这里饮酒，美国前总统伍德罗·威尔逊在出席巴黎和会时曾在这里下榻。然后穿过杜乐丽公园，这里是古代的皇家运动场。最后抵达卢浮宫，它最初是一座12世纪的城堡，现在成了一座藏有大量历经数千年的精美展品的博物馆。就像巴黎本身一样，这次漫步给人的感觉是穿越时空的在空间上没有任何变化的城市之旅。

巴黎不是按照底层城市规划专家所建议的通过逐步增加人口密度的方式建成的，人们最为喜爱的保留至今的巴黎建筑主要部分均出自一人之手，即乔治·欧仁·奥斯曼男爵。他率领一代人在1853~1870年，重建了这座城市，留下了历史与文明碰撞的美好结晶。

中国城市规划建设时，喜欢盲目跟风，不辨糟粕，直接把西方不过数百年的文化拿过来，丢弃了自己数千年的文化积淀，在我们打出“城市，让生活变得更美好”的口号时候，却忽视了城市的文化环境保护。外国游人来到上海，到浦西一走总是叹息，有历史文化的建筑都被拆除了，有历史文化的环境都被改变了。为什么不保留些历史韵味的城中村呢？城市美化并不仅仅是有树有花就行，它更要讲文化，城市应该是文化的储藏库，历史的根据地。

6.2.2 高楼背后的阴影——城市面临的问题

城市是经济实体、社会实体、科学文化实体和自然实体的有机统一，因此城市生态系统又是一个自然、经济、社会的复合系统，是城市居民与其周围环境相互作用形成的网络结构，也是人类在改造和适应自然环境的基础上建立起来的特殊人工生态系统。

城市生态系统集中了大量的人口，建设了大量建筑物，集中了大量的工矿产业、生产和生活设施，各种交通和信息流活动频繁，人为活动消耗大量能源和资源。城市的能源主要依靠燃烧化石燃料（煤炭、石油、天然气）获取，能源消耗越快，越影响城市的环境生态和可持续发展，一是因为大量燃烧化石燃料会带来多种环境问题（尤其是气候变化问题）；二是由于化石燃料不可再生，持续使用终将导致资源枯竭。另外，伴随着大量的噪声和“三废”污染的产生，造成城市环境中大气、水体等的污染，城市环境问题层出不穷，环境质量日益下降。

(1) 升温的城市——城市热岛效应

随着现代经济的发展，城市的规模越来越大，人口越来越向城市聚集。100多年前，世界上大多数国家的主要人口都在农村，即使是像美国这样经济最发达的国家，人口超过百万的城市也并不多见。但在今天，许多国际大都市的人口早已超过千万，特别是在我国这样的人口大国，上百万人口的城市往往只能称之为“中小型城市”。在城市发展的同时，一种特别的升温现象也由潜在变得明显，即城市中的气温明显高于外围郊区的现象。19 世纪的英国气象学家哈罗德最早使用了“热岛”一词，用来说明这种城市和乡村之间的气温差别。在过去，人们通常认为农村气候比较潮湿，降雨频繁，而城市比较干燥，降雨较少。但事实上，城市上空往往聚集着温暖的空气，而且由于城市建筑物和街道的温度比较高，空气中的水分很难在夜间形成露水，所以空气的相对湿度甚至高于农村。另外，城市大气中聚集的尘埃数量大大高于乡村，这使得城市上空的云层中含有大量的微粒。这些原因使得许多城市的降水量并不少于农村。

随着经济的发展，高楼林立成为大多数城市建设规模的主要标志之一（彩插6－1）。巨大的建筑物虽然在一定程度上缓解了城市人口爆炸的问题，但是建筑物和街道路面的建筑材料在白天会吸收大量太阳辐射热，使得空气温度迅速上升。到了夜间，建筑物和路面又逐渐把吸收的热量散发到空气中，使得原本应该下降的气温难以降低，夜间气温明显高于农村。

另外，由于城市中工业和汽车废气浓度较高，在空气中形成了许多悬浮的微小污染物颗粒。在白天，太阳辐射到地表，有一部分辐射经过反射和折射，被悬浮在空气中的微小污染物颗粒吸收；到了夜间，这些微小颗粒便会持续地散发热能，提升了城市夜间的温度。

城市中大量人口活动产生的热能远远高于乡村的热能，这也是造成城市温度升高的一个重要原因。城市人口众多，无论是生产还是生活，都会消耗大量能量，其中的很大一部分转化成热能被直接排入空气中。与此同时，高密度的车辆排放出大量高温尾气。这些大大小小的“热源”，就像是功率不同的“加热烘干机”，持续不断地向城市排放着热量，使得城市低层的空气被持续加热着。

你或许会问，城市的空气被加热了，难道它们就不能向城市外流动吗？虽然空气是流动的，但众多的城市建筑会显著影响到空气的流动，林立的高楼阻挡了空气顺畅流动，使得城市的风量和风速明显低于开阔的农村，这些都会影响城市中热量的散发。城市中相对严重的大气污染也阻碍了热量的散发，烟尘和悬浮在空气中的微小污染物颗粒在城市上空形成了云和雾，这些云雾阻碍了低层热量在夜间的辐射，也就影响了城市散热，使得地面降温被减弱了。

所有这些现象归纳起来，被称为“城市热岛”现象。在气象学近地面大气等温线图上，郊区的广阔地区气温变化很小，如同一个平静的海面，而城市区则是一个明显的高温区，如同突出海面的岛屿，所以就被形象地称为“城市热岛”现象。

生活在城市里的人们已经能切切实实地感受到热岛效应。一年四季里，炎热的夏天似乎显得特别漫长，尤其是夏天的夜晚，酷热难耐，使得人们大量地使用空调等降温设备，这实际上又加强了热岛效应，形成恶性循环。仔细想想，造成热岛现象最根本的原因，正是人口规模和人类活动本身。据统计，规模在几十万人口的城市，市区和郊区的气温相差在 3 ℃以下，而人口超过百万的城市，城乡温差则有可能达到 5 ℃以上。

随着人口急剧膨胀，热岛效应已经越来越普遍，并有向乡村蔓延的趋势。一些人口比较密集的村镇，甚至郊区的大型超市，或处于偏远地带的大型工厂等，都会产生热岛效应。也许，在所有全球变暖的现象中，人们能够最直接感受到的就是热岛效应了。

（2）健康的无形杀手——电磁辐射与噪声

1）电磁辐射“解毒”秘籍。电场和磁场的交互变化产生电磁波，电磁波向空中发射或泄漏的现象，叫电磁辐射。电磁辐射可以说无处不在，从自然界中的闪电到我们平常使用的收音机，都是产生电磁辐射的辐射源。人体生命活动包含一系列的生物电活动，这些生物电对环境的电磁波非常敏感，因此，电磁辐射可以对人体造成影响和损害。国际上已将电磁辐射列为第五大公害，仅次于大气污染、水污染、固体废弃物污染和噪声污染。

图 6－3 无处不在的电磁辐射

如果某天你觉得耳朵不舒服，头也有些痛，去看医生，检查之后医生说：“没事，这是频繁地使用手机造成的，建议你最好用耳机。”你会不会奇怪，用手机还能得病？其实准确地说是因为你过多地接触电磁辐射造成的。在生活中，电脑、手机、微波炉这些东西都有这种对人体有害辐射，特别是儿童更要注意预防电磁辐射。

大强度的电磁辐射对人体危害很大，一是会使血液、淋巴液和细胞原生质发生改变，使儿童增加罹患白血病的风险；二是会影响人体的循环系统、免疫、生殖和代谢功能，严重的还会诱发癌症；三是影响人的生殖系统；四是可导致儿童智力残缺；五是影响人们的心血管系统，使人心悸、失眠、免疫功能下降等；六是对人们的视觉系统有不良影响。

电磁辐射对人体危害极大，对抗它们可要讲究科学。我们在日常生活中，就可以通过饮食来保护自己的身体。

如果你喜欢吃辣椒，那就再好不过了，用以“毒”攻“毒”的方法来抵御辐射。据医学研究发现，辣椒是天然的可以提高免疫能力的有效武器，人只要多吃辣椒就可以增强自身的身体免疫能力，从而减弱外界电磁辐射对身体的影响，根据最新的研究发现，红辣椒、黑胡椒、咖喱、姜黄素等香辛料，还可以直接当作抗辐射的保护剂。

图6-4 以毒攻毒好食品

如果你喜欢品茶，那就多喝绿茶吧！美国夏威夷大学曾有研究显示，多喝绿茶可在预防辐射上发挥重要作用。研究发现，茶叶中含有较多的脂多糖，而脂多糖可以改善机体造血功能。人体注入脂多糖后，在短时间内即可增强机体非特异性免疫力，可以有效地阻止放射性物质侵入身体。

如果你不喜欢吃瓜果蔬菜，那可要注意了哦！大量研究表明，电磁辐射对人体的危害与其导致机体过氧化有关。所以防范电磁辐射，除了避免和电磁波“亲密接触”外，平时应多吃一些水果蔬菜，尤其是富含维生素的食物，如胡萝卜、海带、油菜、卷心菜及动物肝脏等，有利于调节人体电磁场紊乱状态，增加机体抵抗电磁辐射污染的能力。注意微量元素的摄入，微量元素硒具有抗氧化的作用，含硒丰富的食物首推芝麻、麦芽和中药材黄芪，其次是酵母、蛋类，海产类有大红虾、龙虾、金枪鱼等，再次是动物的肝、肾等，虽然水果和大多数蔬菜含硒都不多，不过，大蒜、蘑菇中的含量却相当多。注意补充维生素，具有抗氧化作用的维生素 A、维生素 C、维生素 E 是很好的抗氧化组合。所以多吃水果和蔬菜可以增强对电磁辐射的抵抗能力。

如果你留意，你会看到孕妇有时会穿着一件像围裙的衣服，那就是防辐射服。人们为了屏蔽辐射研制生产了这种由防电磁辐射纤维制成的衣服，这种织物具有防电磁辐射性能好、质轻、柔韧性好等优点，是一种比较理想的电磁辐射防护面料，电磁辐射透射量仅为入射量的十万分之一，适宜长期工作生活在较强辐射源较近距离的人群。

2）噪声污染。从生物学的观点看，凡是人们不需要的、令人烦躁的声音，统称为噪声；从物理学的观点看，噪声是指发声体做无规则振动时发出的声音。在飞机场的附近，母鸡不会下蛋；乐队演奏的乐曲极度刺耳，可以使观众突然昏倒。这些都是噪声造成的。

噪声是一种严重的污染，属于感觉公害。它与工业“三废”一样，都会影响危害人体健康。环境噪声主要来源于交通运输、工业生产、建筑施工及社会生活。在城市里，交通噪声对居民影响最大。

在日常生活中，当某些人在欣赏悦耳动听的乐曲，感觉是一种精神享受时，另外一些人却可能认为那是不愉快的声音。如你正聚精会神地做作业时，隔壁的弹琴声就会影响你的正常思维。不管是机器的轰鸣声还是音乐声，只要影响了其他人的正常工作、生活或学习，都属于噪声，它是一种不容忽视的污染。

“分贝”是物理学中的名词，它是用来衡量噪声强度的单位。一般来说，噪声超过 50 分贝，就会影响人们正常的休息和睡眠；超过 70 分贝，工作和学习就会受到干扰；如果噪声超过 90 分贝，人的身体健康状况就会亮起红灯。噪声对人体的影响和危害很大。一是影响听力。听力损伤的程度与噪声强度和在噪声环境中暴露的时间有关，在 85 分贝以上的噪声环境中，噪声性耳聋发病率可达到

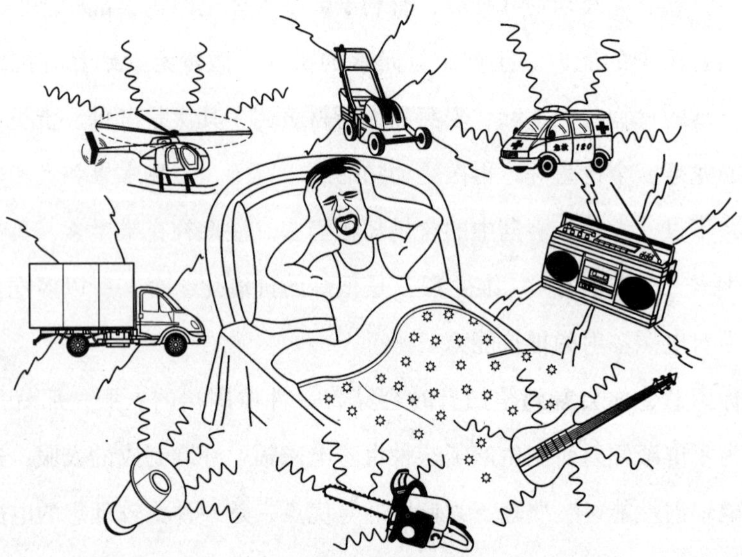
图6－5 噪声污染

50%。二是影响学习、工作，干扰睡眠。医生为病人听诊时，在50分贝的噪声环境中，听诊的准确率仅80%。噪声达到100～120分贝时，几乎每个人都会从睡眠状态中醒过来。三是影响心血管功能和内分泌系统，这主要表现在心跳过快，心率不齐，血管痉挛，血压升高，孕妇流产率高，女性月经失调等。四是危害中枢神经系统。在强噪声环境下，会出现头痛、耳鸣、多梦、失眠、记忆减退、全身无力等症状。五是影响儿童的智力发育，有人做过调查，在噪声环境下，儿童的智力发育比在安静环境中低20%。

现在，为防治噪声，人们采取了种种措施，如在礼堂、音乐厅、剧院、舞厅的墙壁上安装表面比较粗糙，并有许多小孔的装饰材料，可对噪声有效地吸收；有许多高级汽车安装了消声器；很多城市的主要街道都安装了噪声易测装置，禁止噪声超标准的车辆通行；科学家们也在寻找根除噪声的最佳方法，努力为人们营造一个安静和谐的环境。

但更经济、更有效地减轻噪声的办法还是多栽种植物。你知道吗，植物叶与叶之间有许多空隙，就像消音墙壁上的小洞；树皮的表面粗糙并有许多柔毛，这些都有利于声音的吸收。树林像一道屏障一样可以把声音挡住。10米宽的林带可以减弱噪声30%，20米宽的林带可以减弱噪声40%，30米宽的林带可以减弱噪声50%，40米宽的林带可以减弱噪声60%。实践证明，有森林的地方噪声就小一些，如在种有高大的行道树的公路、铁路旁和工厂中，噪声就小得多。

既然植物有如此多的功能，我们为什么不多种树呢？在空地、道路旁尽可能地多种一些树，这样我们既可以呼吸到新鲜的空气，享受到鸟语花香，还可以拥有平静、安宁的工作和生活环境。

（3）看不见的星空——光污染

记得小时候，最开心的事情就是在盛夏的夜晚，抬头仰望星空。可不知道从什么时候开始，仰望星空这件本来稀松平常的事情却因为城市夜间璀璨的霓虹灯而变成了一种奢侈的享受。如今生活在大城市里的人们，大多数都没机会亲眼看看我们身处的银河系，自然也无从体验"寄蜉蝣于天地，渺沧海之一粟"的感觉。

别说抬头仰望了，就算是拥有专业设备的天文台，面对雾霾和"光污染"也会一脸茫然。中国科学院紫金山天文台是中国著名天文台之一，始建于1934年，近年来，因为光污染严重，使得紫金山天文台失去了晚间专业观测的功能。

光污染问题最早于20世纪30年代由国际天文界提出，他们认为光污染是城市室外照明使天空发亮以致造成对天文观测的负面影响的现象。后来英美等国称之为"干扰光"，在日本则称为"光害"。

全国科学技术名词审定委员会审定公布"光污染"的定义：过量的光辐射对人类生活和生产环境造成不良影响的现象，包括可见光、红外线和紫外线造成的污染；影响光学望远镜所能检测到的最暗天体极限的因素之一，通常指天文台上空的大气辉光、黄道光和银河系背景光、城市夜天光等使星空背景变亮的效应。

现在一般认为，光污染泛指影响自然环境，对人类正常生活、工作、休息和娱乐带来不利影响，损害人们观察物体的能力，引起人体不舒适感和损害人体健康的各种光。人的眼睛由于瞳孔的调节作用，对于一定范围内的光辐射都能适应，但光辐射增至一定量时，将会对人体健康产生不良影响。从波长10纳米至1毫米的光辐射，即紫外辐射、可见光和红外辐射，在不同的条件下都可能成为光污染源。

依据不同的分类原则，光污染可以分为不同的类型。国际上一般将光污染分成三类，即白亮污染、人工白昼和彩光污染。

白亮污染是指当太阳光照射强烈时，城市里建筑物的玻璃幕墙、釉面砖墙、磨光大理石和各种涂料等装饰反射光线，形成明晃白亮、眩眼夺目的光晕。据科学测定：一般白粉墙的光反射系数为69%～80%，镜面玻璃的光反射系数为82%～88%，特别光滑的粉墙和洁白的书簿纸张的光反射系数高达90%，比草地、森林或毛面装饰物面高10倍左右。这个数值大大超过了人体所能承受的生理适应范围。长时间在白亮污染环境下工作和生活的人，视网膜和虹膜都会受到程度不同的损害，容易导致视力下降，使白内障的发病率高达45%，还使人产生头昏目眩、失眠、心悸、食欲下降及情绪低落等类似神经衰弱的症状，长期下去使人的正常生理及心理发生变化，诱发某些疾病。

夏天，玻璃幕墙强烈的反射光进入附近居民楼房内，会使室温平均升高4～6℃，影响正常的生活。有些玻璃幕墙是半圆形的，反射光会聚还容易引起火灾。据光学专家研究，镜面建筑物玻璃的反射光其反射率高达82%～90%，光几乎全被反射，大大超过了人体所能承受的范围。烈日下，建筑物的玻璃幕墙就像一面巨大的镜子，反射光进入高速行驶的汽车内，驾车行驶的司机会出现突发性暂时失明和视力错觉，易导致交通事故的发生。

图6－6　玻璃幕墙

人工白昼，就是人为造成的夜晚如同白天一样的景象。夜幕降临后，商场、酒店里的广告灯、霓虹灯闪烁夺目，令人眼花缭乱（彩插6－2）。在这样的“不夜城”里，人们难以入睡，扰乱人体正常的生物钟，导致白天工作效率低下。人工白昼还会伤害鸟类和昆虫，强光可能破坏昆虫在夜间的正常繁殖过程。同时，昆虫和鸟类也可能被强光周围的高温烧死。

彩光污染具体是指舞厅、夜总会安装的黑光灯、旋转灯、荧光灯以及闪烁的彩色光源形成的光污染。这种高密集的热性光束通过眼睛晶状体集中于视网膜时，其聚光点的温度可达到70 ℃，这对眼睛和脑神经十分有害。它不但可导致人的视力受损，还会使人出现头痛头晕、出冷汗、神经衰弱、失眠等大脑中枢神经系统的病征。据测定，黑光灯所产生的紫外线强度大大高于太阳光中的紫外线，且对人体有害影响持续时间长。人如果长期接受这种照射，会诱发流鼻血、牙齿脱落、白内障，甚至导致白血病和其他癌变。科学家最新研究表明，彩光污染不仅有损人的生理功能，而且对人的心理也有影响。“光谱光色度效应”测定显示，如以白色光的心理影响为100，则蓝色光为152，紫色光为155，红色光为158，黑色光最高，为187。如果长期处在彩光灯的照射下，人们或多或少会在心理和情绪上受到影响。比如在刺目的灯光下会让人感到紧张等。

另外，有些学者还根据光污染所影响的范围的大小将光污染分为室外视环境污染、室内视环境污染和局部视环境污染。其中，室外视环境污染包括建筑物外墙、室外照明等；室内视环境污染包括室内装修、室内不良的光色环境等；局部视环境污染包括书簿纸张和某些工业产品等。

家庭光污染，也许你连听都没听过吧！不少家庭在选用灯具和光源时往往忽视合理的采光需要，把灯光设计成五颜六色，以求浪漫和豪华。殊不知，五颜六色的灯光除对人视力危害甚大外，还会干扰大脑中枢高级神经的功能，对婴幼儿及儿童影响更大，会影响儿童的视力发育。

据研究，形成近视的主要原因是视觉环境，而不是用眼习惯。随着城市建设的发展和科学技术的进步，日常生活中的建筑和室内装修采用镜面、瓷砖和白粉墙日益增多，近距离读写使用的书簿纸张越来越光滑，人们几乎把自己置身于一个“强光弱色”的“人造视环境”中。为此，中国每年都要投入大量资金和人力用于对付近视，见效却不大，原因就是没有从改善视觉环境这个根本入手。

（4）错置的资源——固体废弃物

固体废弃物是指人类在生产、消费、生活和其他活动中产生的固态、半固态废弃物质，通俗地说，就是“垃圾”。现代人类的富裕生活产生了大量的垃圾，但是填埋这些垃圾的场所越来越少，焚烧后又会产生有害物质，所以固体废弃物处理问题已成为21世纪全人类面临的问题。

1）固体废弃物的分类。即便是用过的东西，只要我们注意一下它的原材料，就会找到合适的处理方法，部分垃圾就有可能回收循环使用。国内外各城市对生活垃圾分类大致都是根据垃圾的成分构成、产生量，结合本地垃圾的资源利用和处理方式来进行分类。如德国一般分为纸、玻璃、金属、塑料等；日本一般分为可燃垃圾、不可燃垃圾；澳大利亚一般分为可堆肥垃圾、可回收垃圾、不可回收垃圾等。如今中国生活垃圾一般可分为四大类：可回收垃圾、厨余垃圾、有害垃圾和其他垃圾。

可回收垃圾主要包括废纸、塑料、玻璃、金属和布料五大类。废纸主要包括废旧报纸、期刊、图书、各种包装纸等，此外，纸尿裤中纸的部分属于纸制品；但是要注意纸巾和厕纸由于水溶性太强，不可回收。塑料是以石油为原料合成的物质，根据用途，人们合成了不同种类的塑料，如矿泉水瓶、碳酸饮料瓶、奶瓶、保鲜膜、塑料膜、微波炉餐盒，以及电视、计算机等的外壳和汽车内装饰等；塑料都是有机物，可以燃烧，但是燃烧的话就会产生高热，有的会释放出有害物质，所以需要专业的焚烧炉。玻璃主要包括各种玻璃瓶、碎玻璃片、镜子、灯泡、暖瓶等。金属物主要包括易拉罐、罐头盒等，干电池是将金属组合后生产的，电池的外侧也是金属的。布料主要包括废弃衣服、桌布、洗脸巾、书包、鞋等。

厨余垃圾泛指家庭生活饮食中所需用的来源的生料及成品（熟食）或残留物，还包括用过的筷子、食品的包装材料等，可经生物技术就地处理堆肥产生有机肥料。

有毒有害垃圾是指含有对人体健康有害的重金属、有毒的物质或者对环境造成现实或潜在危害的废弃物。废电池、废荧光灯管、水银温度计、废油漆、过期药品、灯管还有焚烧物等处理不当都会产生有毒有害垃圾。

其他垃圾包括除上述几类垃圾之外的砖瓦陶瓷、渣土、卫生间废纸、纸巾等难以回收的废弃物，通常根据垃圾特性采取焚烧或者填埋的方式处理。

为什么要给垃圾分类？这是为了便于从垃圾中提取可利用资源。现在，很多城市居民都自觉地把垃圾分类装袋，以便于其被分别回收。假如你去过美国，你一定会发现家家门前都有一个塑料垃圾桶和一个方形塑料箱，人们会自觉地把没有回收价值的垃圾装在塑料垃圾桶内，把有利用价值的垃圾如金属饮料瓶、废纸、玻璃等，丢在方形塑料箱内，等待回收。日本人把垃圾分成可燃物和不可燃物两种，用不同颜色的袋子装上，以示区别。每天上午，人们会准时地把垃圾袋放在门口，稍后，城市环保部门就会派专车运送。德国家庭一般都使用黑、黄、蓝三种颜色的塑料桶分装垃圾，金属罐、塑料等被放入黄色塑料桶，废纸被放进蓝桶中，黑桶只装一般家庭垃圾。经过分类整理后的垃圾被运到垃圾处理站，经过一系列加工处理程序，就可以变废为宝了。

2）垃圾变废为宝。扔垃圾之前要考虑一下，是否可以利用它做些什么。家中可以再利用的垃圾，穿破的长筒袜等可以用作厨房吸水的抹布或洗净后当作尼龙刷帚使用。塑料瓶和牛奶纸盒可以用来做保存物品的容器。样式不再流行的家具和皮鞋，如稍加处理还可以使用。如果是自己不需要的东西，也可以送给需要的人，减少垃圾量。

玻璃的循环利用。人们从很早起就和玻璃打交道了，它的循环利用技术也很先进。空瓶可洗净反复使用，啤酒瓶、牛奶瓶等，都是这样回收利用的。玻璃的再制用就是把空瓶砸碎，回到玻璃瓶的原材料“碎玻璃”，再生产新玻璃瓶。现在，一个玻璃瓶的碎玻璃中的78.6%可以再利用。另外一种是在铺设道路时把砸碎的玻璃混在沥青中，就可以节约沙子和碎石。由于它能反光，所以对防止事故能起到一定作用，也可用于生产建筑材料。

随着纸张的使用量迅速上升，越来越多的废纸也随之产生，世界各国都意识到了废纸的利用价值，纷纷开展了回收废纸的行动。德国的废纸回收利用率高达83%，日本56%的纸是使用回收的废旧纸张生产的再生纸。据统计，1000千克的废纸可以生产800千克的再生纸，能够节约4立方米的木材。回收废纸不光保护了森林资源，更重要的是减少了废纸对生态环境造成的污染。此外，回收废纸带来的经济效益也相当可观。如果建造一个以废纸为原料的造纸厂，可以省去很多复杂的处理程序，从而节约50%的投资。还可以大大减少对水、电、煤、烧碱的消耗，大大降低生产成本。

现在，用过的塑料大棚和塑料容器等，50%以上回收后都被循环利用。被循环利用的聚氯乙烯树脂摇身一变，成了地板和地板块。水管等PVC（聚氯乙烯）管可以使用30年，报废后再循环利用，又被用于PVC管的生产。

当今世界，电子垃圾已经成为困扰全球环境的大问题。发达国家的电子产品更新换代速度更快，电子垃圾的产生速度就更快，数量也就越多。据统计，目前全世界的电子垃圾每5年就增加16%～28%，比垃圾总量的平均增长速度快3倍，电子垃圾正成为新的危险废物污染源。《美国新闻周刊》曾报道说，将世界各地废弃的电脑软盘叠在一起，每隔20分钟就可以叠成一座100层高的“摩天大厦”。随着发达国家环保法令的日益严厉，中国便成了这些国家电子垃圾的“避风港”，与此同时，中国的电子垃圾数量也不可小觑。联合国环境署发布的报告指出，中国每年产生的电子垃圾数量为230万吨，仅次于美国的300万吨。而根据路透社的报道，截至2020年，中国和南亚由电脑产生的电子垃圾将比2007年增加4倍。大批的电子垃圾簇拥在我们周围，如果处理不当，对人和环境都将造成严重危害。

我们的日常生活离不开电池，收音机、录音机、电视遥控器、手机等都需要借助电池来工作。可是电池都有一定的寿命，当一节电池完成自己的使命后就被当成废旧电池，但是电池中含有大量的有色金属，有色金属是地球上不可再生的宝贵资源，将废旧电池回收提取其中的有用成分，废物可以变为资源。可怕的是，如果一节1号电池烂在地里，可使1平方米内的土地草木不生。为了人类自己的生存环境，我们应该将废旧电池收集起来，千万不能乱扔呀！

计算机作为笨重垃圾扔掉的数量增长得非常快，如果稍微修理一下就完全可以使用的话，最好不要马上扔掉，可以到二手市场去交易，给它们找到新主人，除了计算机还有家具、电器产品、自行车等。计算机等损坏的电器产品如果不能再使用，最好由专业人员稳妥地回收。越来越多的国家开始实施家电循环利用法，电视、洗衣机、冰箱、空调等产品可以在商店付费回收，负责家电的回收渐渐成为厂家的义务。在日本，从2001年4月起，实施了家电循环利用法，冰箱、电视、洗衣机、空调等家用电器都可由商家收费回收。

垃圾里有很多有机物，可以想办法把它们燃烧用来发电。加拿大用90%的煤和10%的垃圾做燃料建立发电站，发电能力为1.5万~2万千瓦；荷兰的垃圾焚烧厂，每年可以利用焚烧垃圾发的电生产900万吨蒸馏水。用垃圾发电既干净，没有怪味，又有效地保护了环境节省了能源，垃圾燃烧后剩下的灰可以做肥料。因此，垃圾发电经济效益非常高，开发垃圾发电技术已成为当今世界最新研究课题之一。

垃圾沼气中，大部分是甲烷，其余的是二氧化碳、氮气和水蒸气。这些气体经过压缩脱氮后，再经加热后送入蒸气罐，形成一氧化碳、二氧化碳和氢气。在一种神奇的物质（通常叫催化剂）的作用下，这些气体之间发生反应，生成含有多种成分的碳氢化合物。这些碳氢化合物被分三层导流出来，我们便可以得到柴油、挥发油和石蜡。

6.3　村庄，让风景美化生活

6.3.1　采菊东篱下——悠闲的农村生活

风调雨顺、五谷丰登的时候，是农家最快乐的日子。到乡间走上一遭，让人心旷神怡的大豆的叶子，肥厚而浓绿；柿子树上，挂满灯笼似的红果；庭院围墙上，紫扁豆的藤蔓向四周攀缘着；金黄的玉米，如怀孕的少妇，娴静地立在地里（彩插6-3）……

当自家的谷仓满了的时候，这些日日躬耕的农民便开始自酿美酒。酿酒的时候，农家像过节般的开心。农历十月，最宜酿酒，割下的稻子磨舂成米，即可拿来酿成米酒，这时做的酒，可长储不酸坏，俗称“十月白”。长年储藏后，酒渣沉淀，酒色特别清冽，阳光下一照，似还泛着隐隐的清幽幽的光。

社日（古代农民祭祀土地神的节日）到来之际，村民们倾巢而出，男女老少头戴鲜花，哪怕鬓发如雪的老翁和老妪，也是鲜花插满头。村民们荡秋千，醉歌舞，吹箫打鼓，进行自娱自乐的文艺表演，欢笑声几乎要掀翻稻草垛。欢宴之后，家家扶得醉人尽兴而归。

如今，伴随着乡村建设的日新月异和农村工业的兴起，这样的古朴生活只能在诗歌中窥见一二，取而代之的是村民们对营造富饶优美乡村的欢迎之情。新型农村社区是在提高农村生活水平的基础上，通过科学规划和有效实施，促进乡村经济健康可持续增长。从农村社区发展的经济模式、能源使用、农业种植、生产消费以及村民生活方式等出发，综合考虑经济与人口、资源及环境因素，构建具备完善基础设施和社会化公共服务设施的现代化新型农民聚居点。

图6-7　新型农村社区

提起陕西旬邑，大家会觉得陌生，然而提到《诗经 · 国风 · 豳风》里吟唱的“七月流火，九月授衣”，人们眼前就会浮现出一幅农人按照时令耕种、自在生活的田园之景，这块儿充满诗意的土地，古称为豳，今指旬邑县西南。旬邑县位于陕西省咸阳市北部，周人先祖后稷四世孙公刘曾在此开疆立国，创造了灿烂的农耕文明。如今，犁地耕田、鸡鸣犬吠的生活场景已随着新型农村社区建设的前进步伐渐渐远去，但农耕文明滋养出的气韵犹存，它透过当地的唢呐声、彩色剪纸、刺绣，甚至民居门前悬挂的绣花布帘、当地人的一个眼神流露出来，引人遐想。

旬邑在保留当地特色的同时，大力发展旅游业。喜欢文化旅游，可以来古豳文化博览园；喜欢亲近自然，可以来石门山旅游生态景区；想重温革命先烈的奋斗历史，可以来马栏革命旧址等红色旅游景点。另外，旬邑苹果很有名，有很多客人来这里摘果子，体验新农村生活。

6.3.2 田园埋藏的隐患——农村面临的问题

（1）农药化肥污染

我国号称有五千年的农耕文明，过去看天吃饭，现在则是“庄稼一枝花，全靠农药和化肥当家”。我国化肥和农药的施用量均居世界前列，但其利用率均不足35%。未被利用的化肥养分通过径流的淋溶、吸附和侵蚀等方式进入环境，污染水体，全国80%以上的河流受到不同程度的氮肥污染。我国农田过量使用化肥到了一个什么程度？中国农科院土壤肥料研究所检测到的调查数据显示，目前我国已有大半的地区氮肥平均施用量超过国际公认的上限22 500千克/千米^2。

另外，为了实现一年四季都可种菜的目的，大量使用农膜、农药、化肥等，而这势必对土壤、水体造成污染，污染之后又需要进一步加大化肥、农药的用量，在更大程度上造成污染，形成“鸦片式治疗”的恶性循环。2007年农药使用量为162.3万吨，其在土壤中的残留率高于50%，全国已有93 330万平方千米耕地遭受了不同程度的污染。2007年我国农用塑料薄膜使用量为193.75万吨，这些塑料薄膜难以降解，其残留量高达45万吨，严重影响耕地环境质量。

（2）生活垃圾污染

随着农村经济社会快速发展，农村垃圾不仅数量猛增，结构也发生了明显变化。过去农村垃圾主要是一些易腐烂的菜叶瓜皮，现在却包括了塑料袋、废电池、农膜、农药瓶等，各种难以分解的垃圾越来越多。一些地方农村还没有垃圾处理场，垃圾收集、转运体系没有建立起来，除部分乡镇垃圾运到市一级垃圾填埋场填埋外，大部分垃圾都是随意找坑塘、沟渠填埋或露天堆放，这些不做防渗处理的垃圾填埋场成为农村环境的潜在污染源。

另外，我国县级以上城市有3200多个，城市居民人口6.9亿，如按每人年产垃圾440千克计算，城市生活垃圾每年约3亿吨。由于公众对垃圾焚烧影响居住区环境质量有顾虑，垃圾焚烧厂建设步伐缓慢，生活垃圾多被弃置在城郊区，造成村庄成为城市生活垃圾的“填埋场”。

目前，全国每年畜禽粪便产生量达25亿吨，大量粪便未经有效处理直接排入水体。全国90%以上的规模化养殖场建设前未经过环境影响评价，60%以上的规模化养殖场未采取干湿分离（粪便与尿、冲洗水分开）的清洁生产工艺。由于未经发酵处理的畜禽粪便含水量大、施用不方便，加之种植业和养殖业分离，畜禽粪便难以通过还田消纳。一些地区在畜禽养殖业发展中缺乏统一规划，将规模化养殖场建于对居民生产和生活产生影响的区域范围内，严重威胁着居民的饮水安全。这些规模化养殖场缺乏污染治理设施或治理设施不完善，导致大量的畜禽粪便及其冲洗混合污水直接排入江河湖泊，造成水质恶化，甚至经过渗透而污染地下水。

（3）工矿企业污染

四川省简阳市简城镇民旺村曾经是远近闻名的“长寿村”，村里90岁以上的老人就有10多位。但是，自从上世纪90年代，从外地迁来了化工厂之后，这里的一切都变了。由于化工厂对工业废水没有进行任何处理，直接挖了一条沟向外排放，致使沿途黑色的水上漂着油花，沟渠两边几米之内全是一片黑色，水草不再生长，鱼儿全部死光。患癌症死亡的人逐渐增多，村里人的寿命越来越短。曾经的“长寿村”由于化工企业的污染变成了“问题村”。

这只是我国农村环境受到严重污染的一个缩影，像这样的“问题村”，在全国还有很多。我国乡镇工矿企业布局分散、设备简陋、工艺落后，企业污染点多面广，“三废”处理率和资源利用率比较低，乡镇企业环保措施滞后于乡镇企业的经济发展。全国乡镇工业废水和固体废物等主要污染物排放量已占工业污染物排放总量的50%以上，这些污染物大多直接排入水体、大气和土壤，成为农村的主要污染源。全国乡镇企业中，制砖、铸造、水泥、炼焦四个行业能耗占整个乡镇企业能耗的比重超过50%，其二氧化碳排放量占全国排放总量的1/6。有些在城市难以为继的污染企业迁往农村地区，让污染冠冕堂皇地“上山下乡”。

6.4 建设美好家园

6.4.1 生活的绿色之都——生态城市

城市是人们生活和生产的三维空间，也是人与物理环境、代谢环境、生物环境、社会环境、经济环境和文化环境等相互作用的多维生态空间，它的复杂度更甚于自然系统。

1991 年，世界建筑大会提出："每个生态城市必须规划和建设成在气候、文化、技术、工业与其所在地方的条件等诸方面整合""健康的、生态活泼的城市必须是人性的、生态良好的新技术城市"。

生态型城市这一理念由来已久，19 世纪英国城市学者霍华德提出了"田园城市"的理论之后，建设生态型城市的构想在西方开始实施。1971 年，联合国教科文组织在第 16 届会议上，提出了"关于人类聚居地的生态综合研究"，"生态城市"概念在国际上由此产生。这一崭新的城市发展理念和模式一经提出，就受到全球的广泛关注。到 20 世纪后期，"生态城市"已被公认为是 21 世纪城市可持续发展人居建设基本模式。1999 年 10 月，美国世界观察研究所在其题为《为人类和地球彻底改造城市》的调查报告中指出，无论是工业化国家还是发展中国家，都必须将生态城市规划放在长期协调发展战略的地位，而其大方向只能选择走生态化的道路。

生态城市必须符合生态学原理，是以城市空间地域为核心，以农业地区、自然景观和卫星城镇为外围地域，社会、经济、自然整体协调发展，物质、能量、信息高效利用，生态能源得到广泛利用，空气清洁、污水及生活垃圾处理设施完善，生态良性循环的社会稳定、经济繁荣、环境优美的人居地。

生态城市是城市发展的最新模式，它的内涵将随着社会进步和科技的发展，不断得到充实和完善。到现在，生态城市的概念已经融合了社会、文化、历史、经济等诸多因素，向更加全面的方向拓展。

生态城市应具备以下条件：生态城市的建筑物具有传统个性和艺术品位，市政配套基础设施充足而且先进；通过景观生态规划与建设来优化景观格局及过程，减轻温室效应、水资源耗竭及水环境恶化等环境影响；生态能源、气候资源高效广泛利用，节能环保建筑得到广泛推广；生态城市不仅仅是一个绿色点缀的居住环境，更需要文化个性和文化魅力来丰富生态城市的灵魂，营造满足人类自身进化需求的整洁健康环境。

生态城市应该是所有城市建设的最终共同目标，而区别只是达到的时间与达到的途径。许多城市中环境与人的关系始终是对立的，而对生态城市的建设应该是对城市生态系统中各个要素的协调与中和，使城市达到稳定、持续、健康、长久的理想状态。

我国城市发展在新旧文明转换之际，面临两种选择。一是走传统工业化发展路，生产和生活方式不发生根本改变，最多只进行一些调整，如边发展、边治理"，或先发展、后治理。无论哪种方法都不能使人类"生存危机"从根本上解决，只会使付出的代价越来越大，到最后可供选择的余地愈来愈小。二是对传统发展模式进行根本性变革，探索一条符合中国国情的生态化发展之路。

城市生态化，是实现城市可持续发展，走出"城市病"困境的必然选择，是提高人居环境质量，维护全球生存与发展的迫切要求。我国是发展中国家，综合国力、科技水平、人口素质、意识观念与发达国家相比都有一定的差距，底子薄、人口多的国情决定了我国必须开辟一条非传统方式、非西方化的"中国式"城市生态化发展之路。同时我国幅员广大，地域辽阔，生态环境条件千差万别，城市与区域发展水平也相差悬殊，因此生态城市的规划建设不可能是单一的发展类型和模式，应根据不同地区、不同城市的具体条件，来制定适合于自身特点的生态化发展战略与创建各具特色、多种类型的生态城市发展模式。

我国江西宜春市，早在1988年就开始生态建设试点工作，迈出了中国生态城市建设的第一步。宜春山水环绕，是江南地貌的典型代表，自然环境优越，风景宜人，生态资源丰富，素有"山明水秀、土沃泉甘，其气如春，四时咸宜"之美称。唐代大诗人韩愈曾赞叹道："莫以宜春远，江山多胜游。"山是城之魂，水是城之灵。宜春的城市建设主要是最大限度地做好山水文章。利用得天独厚的自然山体，把宜春打造成最适宜居住的城市，变环境优势为经济优势，促进城市健康、可持续发展。先后在袁山公园等周边划定红线，防止乱砍滥伐和禁建违章建筑；拆迁了世界最早古天文台——袁州谯楼周边的民用、商用建筑，兴建占地30亩的天文广场；对“母亲河”秀江做了新的保护规划，将原为秀江上游的一片沼泽地进行规划设计和改造，建成了市民休闲的化成洲湿地公园，充分体现了“显山露水，淡雅宜人”的城市特色（彩插6-4）。

6.4.2 粮食的绿色之路——生态农业

现代农业是18世纪工业革命后发生和发展起来的，以机械代替人工劳作，将化肥、农药、农膜以及动植物生长激素用于农业生产，在克服农家肥的缺陷、控制农业病虫害、构造农业的人工生态、缩短动植物生长和收获所需要时间方面发挥了重要作用，但同时也对环境安全、人类健康构成了直接的威胁。许多发展中国家，在实现农业现代化过程中，曾普遍发生过对森林的掠夺性开采，以及对土地的掠夺性经营，由此导致水土流失、气候反常、灾害频繁，滥施化肥、农药造成了土壤板结、土壤污染，最终导致了农产品质量严重下降。

生态农业一词，最初是由美国土壤学家阿尔伯韦奇于1970年提出的。世界各国关于生态农业的名称不尽相同，国外生态农业又称自然农业、有机农业或生物农业等，其生产的食品称生态食品、健康食品、自然食品、有机食品等。尽管各国对生态农业的定义不同，叫法不同，但宗旨和目的是一致的，即用科学的生产方式生产健康的食品，提高人们的健康水平，促进农业的可持续发展。

美国的艾奥瓦州有一座不使用除草剂和农药，而是利用农作物轮作、机械化耕耘等很多古老的和新兴的技术的农场，农场主汤普森夫妇为了使杂草物种无法占据统治地位，都保持易于控制的状态，每年都改变作物：秋季，通过种植固氮地被作物来保持土壤养分，并且利用动物性肥料来重建土壤肥力；夏季，在休耕的土地上放牧牛群，抑制杂草的生长，并在整片耕地上分撒肥料。作物在高水平的有机物含量、可利用养分和未被农药伤害的有益微生物、病原体的帮助下，与杂草及昆虫进行斗争。另外，采用的凿耕、垄耕和旋转锄耕的耕作技术，在麦地上留下比传统的犁板耕种更多的作物残渣以保护土壤。通过30年的农场实地实验，取得了很好的效果，与其他农场相比，农药、化肥等投入要小得多，而土地的产量却毫不逊色，其生产费用还远远低于传统作物耕作系统的费用。汤普森夫妇的可再生农业为寻找提高产量却不破坏土地和环境的方法提供了借鉴。

第二次世界大战后，德国为了满足粮食市场的农产品需求，广泛采用现代农业先进技术的同时，化肥、农药的使用也大为增加，结果农产品供应总量得以显著增长，环境污染也日益严重。于是，德国生态农业应运而生，绿色农业大约兴起于20世纪60年代末至70年代初。

德国的生态农业要求不使用化学合成的除虫剂、除草剂，使用有益的害虫天敌或机械的除草方法；不使用化学合成的植物生长调节剂；不使用易溶的化学肥料，而使用有机肥或长效肥，利用腐殖质保持土壤肥力；采用轮作或间作等方式种植；控制牧场载蓄量；动物饲养采用天然饲料，不使用抗生素，不使用转基因技术。1999~2000年，通过对150家生态企业的收益状况调查表明，虽然生态企业由于不使用化肥和农药，产品产量下降，但生态产品价格远高于传统农产品，企业总利润及人均收入仍高于传统农业企业。

生态农业不使用化肥和农药，土壤一直施用有机肥，并且采用轮作、间作种植方式，这样提高了土壤肥力，从长远利益来看，生态企业产品产量会逐渐高于传统农业。

我国传统的生态农业模式是“桑基鱼塘”，“猪－沼－果”模式、“草－鹅－稻＋鸭”模式也是近年来较为常见的生态农业模式。

“桑基鱼塘”于明代后期兴起于广东省珠江三角洲地区。在“桑基鱼塘”这个水陆相互作用的人工生态系统中，通过水陆物质交换使桑、蚕、鱼等各业得到协调发展，资源得以充分利用和保护，整个系统没有废弃物产生，能量资源处于一个良性循环之中，有极高的经济效益。

“桑基鱼塘”的具体生产方式是：桑树是有机物的生产者，它固定太阳能；蚕是第一消费者，它吃进桑叶，生产出蛹、茧、丝，排出蚕粪；塘里的鱼是第二消费者，鱼吃进蚕沙（蚕粪）之后的排泄物和其他植物的残骸又被微生物分解成为含氮、磷、钾的简单物质进入塘泥，这种塘泥肥力高、肥效长，可作为上好的肥料就近提供给桑基。如此就构成了一个水陆相互联系、动植物相互作用、物质能量循环使用的农业生态系统，形成“桑茂－蚕壮－鱼肥－泥好－桑茂”的良性物质能量循环，极大地提高了资源利用率，减少了环境污染。

“桑基鱼塘”的环境效益非常明显。鱼塘本身就是一块湿地，极具生态价值，尤其是那些相连成片的大面积鱼塘，不但可以发挥蓄水防洪的作用，而且水的蒸腾作用还会降低炎炎夏日的高温，增加空气湿度，促进水循环。

但是也有专家指出了“桑基鱼塘”存在的环境问题：在封闭的生态系统，农业资源的循环利用率越高，有害物质的浓度会越高，如果过多地食用，对身体健康是不利的。如今，新型“桑基鱼塘”模式逐渐克服了自身的缺陷，将蚕沙、人畜粪便先投入沼气池内发酵，制成沼气作燃料，然后再用沼渣喂鱼，形成“桑－蚕－气－鱼”的新型农业结构，打断过去桑蚕鱼之间的小循环圈，构筑起新的更大的循环圈，形成良性循环的生态农业模式。

“猪－沼－果”生态农业工程是以沼气为纽带，使种养业和沼气综合协调发展。该模式充分利用庭院土地和空间，建立沼气池、厕所、猪圈“一池三改”模式，“一池三改”，即沼气建池与改圈、改厕、改厨相结合。猪圈地下建沼气池、猪圈养猪、猪圈上层养鸡，房前屋后种水果。人畜粪尿流入沼气池，厌氧发酵产生沼气，消除污染，改善环境；沼气用作农户燃料、照明，解决农村能源利用；沼液、沼渣可作优质有机肥、饲料添加剂，用以给果树施肥和喂猪。从而实现内部物质和能量的多层次利用和良性循环，达到了“家居温暖清洁化、庭院经济高效化、农业生产无害化”的农业生产模式。

“草－鹅－稻＋鸭”生态农业模式是利用农地种草养鹅、草地耕翻后种植水稻、稻田养鸭相结合，实现种植业和养殖业的有机结合。在水稻收获前15天，利用水稻生长后期田间良好的温度和湿度等自然条件，将草种子套播到水稻田，冬春利用草养鹅，翌年6月初，草田耕翻后栽插水稻，在水稻活棵返青后放养训过水的苗鸭，实行稻鸭共作，这样就形成独特的“草－鹅－稻＋鸭”模式。

我国在生态农业方面，已涌现了一批生态户、生态村、生态乡，甚至生态县。首屈一指的当属北京郊区留民营生态村，1987年6月5日被联合国环境规划署授予“全球500佳”的称号。1980年，留民营党支部带领村民进行村域生态建设，迈出了该村生态农业的第一步，30多年来一直保持生态环境保护和循环经济发展相协调。如今，留民营村农场主要由五区、两园、一中心组成：高科技有机农业示范区、无公害畜牧养殖区、环保工业开发区、民俗旅游观光区、沼气太阳能综合利用区，生态庄园、农业公园和美食会议娱乐中心。村民家家建沼气池，普遍用太阳灶、太阳能热水器，过上了“点灯不用油，做饭不发愁，洗澡不出院，看戏热炕头”的美好生活。“春来看花，夏临观树，秋至品果，冬进温室”的四季歌，真实地说明了现在的留民营村是一个集生态观光、民俗旅游、休闲、采摘、会议、美食为一体，并具有浓厚乡村田园气息的大型农业旅游示范村。

“能不能去想想当你有点时间，你有多久不看蓝天，在你抬起头时认真地睁开眼，是否飘来一阵浓烟，为何努力地盖造工厂，工厂变成我的故乡……能不能去想想当你有点时间，你有多久不闻花香，在你呼吸时候愿不愿张开口，空气是否不再健康。为何渴望地寻找田园，田园总是那么遥远？”这首《送给不懂环保的人》歌曲告诉我们，必须树立尊重自然、顺应自然、保护自然的生态文明理念，以身作则一起去改善身边的环境，播种家园中逐渐缺少的绿色，让我们的家园重新披绿装换新衣，留给后代一个天蓝水碧、空气清新的家园吧！

7 保护地球，人人有责

地球上的海洋、河流、湖泊、大气、森林、土壤、草原、动物等组成了错综复杂而关系密切的生态环境系统，这就是人类生存的基本环境。人类衣、食、住、行及社会生产，无不依赖这个提供生活资料与生产资料的生态环境系统。长期以来，人类把文明的进程一直建立在对自然的征服和掠夺上，似乎从未想到对哺育人类的地球给予保护和回报，在取得辉煌文明成果的同时，人类对自然的掠夺却使得我们所生存的这个地球满目疮痍。人口的增长和生产活动的增多，对环境造成冲击，也给环境带来压力。环境恶化、资源枯竭已经成为人类文明进程的巨大障碍。

人类用自己的聪明才智不断改造生物圈，但生物圈只按自己的内在规律发展、变化。如果盲目开发，就会造成生态平衡失调。生态平衡的失调，意味着生态系统的破坏。当今出现的酸雨、温室效应等现象，就是全球性的环境问题。现在，人类已经认识到，要想在生物圈内生存、发展下去，必须保护和合理利用生物圈资源。

1962 年“绿色圣经”《寂静的春天》的出版，向世人昭示了农药的泛滥使用危害了生态环境，使生机盎然的春天都寂静下来了，人类将面临没有鸟语花香的生活环境。该书的问世引发了全世界环境保护事业的兴起，唤起了人们的环境意识，促使环境保护问题摆到了各国政府面前，各种环境保护组织纷纷成立，从而促使联合国于 1972 年 6 月 12 日在斯德哥尔摩召开了“人类环境大会”，并由各国签署了《人类环境宣言》，开始了全球的环境保护事业。

7.1 地球体检，健康有恙

2012年5月，兼任世界自然基金会推广大使的欧洲航天局宇航员安德鲁·库佩斯从400千米之外的国际空间站发布了《地球生命力报告2012》，伦敦动物学学会环境保护主任约翰森·贝利说："这是一份地球的体检报告，诊断结果显示地球现在很不健康。"体检报告称，在过去40年，地球生命力下降了28%，地球严重超载，处于"很不健康"的状态。"你可以从太空看到空气污染、水土流失和森林火灾，"安德鲁说，"我在太空可以看到人类活动对地球的影响，这些挑战都反映在报告中。"

报告强调，人口增长和过度消费是造成环境压力的主要因素，以及由此导致的我们所赖以生存的森林、河流和海洋生态系统健康程度的下降。人类对自然资源的需求自1966年以来翻了一番，人类正在使用相当于1.5个地球的资源来维持生活。世界自然基金会中国副首席代表李琳说，按目前的模式预测，到2030年，人类将需要2个地球来满足生存需求，到2050年，人类需要2.9个地球。

《地球生命力报告2012》由世界自然基金会、伦敦动物学学会以及全球足迹网络共同编写。报告得出结论基于以下两个关键指标：

地球生命力指数。该指数通过跟踪记录2688个分布在不同生态系统和地区的哺乳动物、鸟类、爬行类、两栖类及鱼类物种中的9014个种群的规模变化趋势，来衡量地球上生物多样性的变化。物种丰富度的变化可以作为衡量地球生态状况的重要指标之一。地球生命力指数表明全球生物多样性健康状态比1970年下降了28%。1970年至2008年，热带地区地球生命力指数下降率约达61%，是重灾区，而温带地区地球生命力指数在同期则上升了31%。近期温带地区平均物种的增加并不一定意味着温带生态系统的健康状态优于热带地区。

生态足迹——生态需要面积，主要用来计算在一定的人口和经济规模条件下，维持资源消费和废弃物吸收所必需的生物生产土地面积。2008年，全球总生物承载力是120亿全球公顷（一个全球公顷衡量了在一年内地球上所有生物的平均生产力），人均1.8全球公顷，而人类的生态足迹是182亿全球公顷，人均

2.7 全球公顷。这一差距意味着我们正处于生态超载状态：地球要花费一年半的时间才能重新生产人类一年所用掉的可再生资源。我们正在消耗我们的自然资本，而不是由它产生的利息。

7.2 同一个地球，同一个家园

7.2.1 世界环境保护发展史上的三座里程碑

世界环境问题的日益严重，促使人类社会在取得巨大物质财富和付出沉重环境代价的同时，积极探求人类生存与社会发展的协调之路。迄今为止，在人类社会发展史上，联合国召开了三次具有划时代意义的环境保护方面的会议，称为世界环境保护发展史上的三座里程碑。

1972 年 6 月 5 日，在瑞典首都斯德哥尔摩召开了联合国成立以来首次大规模的人类环境会议，世界上 113 个国家的 1300 多名代表共同讨论了人类面临的环境问题，探讨了保护全球的环境战略。大会通过了著名的《人类环境宣言》，提出 7 个共同规定和 26 项共同原则，向全世界发出郑重告诫：如果人类继续增殖人口、掠夺式地开发自然资源、肆意污染和破坏环境，人类赖以生存的地球必将出现资源匮乏、污染泛滥、生态破坏的灾难。呼吁各国政府和全世界人民，为保护和改善人类环境，造福全体人民、造福后代而共同努力。并提出将每年的 6 月 5 日定为“世界环境日”。同年 10 月，第 27 届联合国大会通过决议接受了该建议。

1992 年 6 月 3 日，在巴西首都里约热内卢召开了第二次大规模人类环境会议，又称联合国环境与发展会议。会议通过了《里约环境与发展宣言》和《21 世纪议程》两个纲领性文件以及《关于森林问题的原则声明》，签署了《气候变化框架公约》和《生物多样性公约》。会议同意把发达国家对全球环境恶化的责任、提供资金并以优惠条件转让环境无害技术等主要原则写进会议文件，这为环境与发展领域的国家合作开创了良好的局面。这是联合国成立以来规模最大、级别最高、与会人数最多、筹备时间最长、影响最深远的一次国际会议，是人类环境与发展史上的一次盛会。

2008年8月26日至9月4日，联合国在南非约翰内斯堡举行了可持续发展世界首脑会议——第三次人类环境会议。峰会主题是全球环境与可持续发展问题，具体议题包括全球的贫困与饥饿人口、全球气候恶化、淡水资源及其卫生、能源、生态多样性、农业发展与粮食安全、人类健康、世界人口增长以及信息技术对可持续发展的影响等。会议产生了《执行计划》和《政治宣言》两项新的全球行动计划文件。《执行计划》重申了对世界可持续发展具有奠基石作用的里约峰会的原则和进一步全面贯彻实施《21世纪议程》，认为《执行计划》是里约峰会原则的继续，强调全方位采取具体行动和措施，包括执行“共同而有区别的责任”的原则在内，实现世界的可持续发展。

7.2.2 人与生物圈计划

人与生物圈计划是根据1970年联合国教科文组织第16届大会决议而设立的国际性的、政府之间合作研究生态学的综合性计划。人与生物圈计划的宗旨是：通过自然科学与社会科学的结合，基础理论与应用技术研究的结合，科技、生产管理人员与决策者的结合，对生物圈极及不同区域的结构、功能进行研究，预测人类活动引起的生物圈及其资源的变化，以及这种变化对人类本身的影响，为合理利用和保护生物圈的资源，保存遗传基因的多样性，改善人类与环境的关系提供科学依据。

人与生物圈计划共有14个研究项目，在由30个理事国组成的“人与生物圈国际协调理事会”领导下，负责协调国际性合作，促进世界生物圈保护区网的建立，组织研究成果和情报资料的交流，举办各种培训班等。

我国于1972年参加人与生物圈计划，并一直是“人与生物圈国际协调理事会”的理事国。我国还成立了中华人民共和国人与生物圈国家委员会。

7.2.3 世界环境日

1972年，第27届联合国大会将同年6月召开的联合国人类环境会议开幕日—— 6月5日定为世界环境日。

世界环境日是全世界环保工作者思考和解决环境问题的重要节日，也是向世界人民宣传环境保护重要性的宣传日，又是联合国人类环境会议和发布《人类环境宣言》的纪念日，它的确立反映了世界各国人民对环境问题的认识和态度，表达了人类对美好环境的向往和追求。第 27 届联合国大会要求，每年的 6 月 5 日或 6 月 5 日前后，联合国系统和各国政府都要开展各种形式的活动，强调环境保护的重要性。

每年的世界环境日都有一个明确的主题，历年“世界环境日”主题如下：

图 7－1　世界环境日标志

1974 年：只有一个地球

1975 年：人类居住

1976 年：水，生命的重要源泉

1977 年：关注臭氧层破坏、水土流失、土壤退化和滥伐森林

1978 年：没有破坏的发展

1979 年：为了儿童的未来——没有破坏的发展

1980 年：新的十年，新的挑战——没有破坏的发展

1981 年：保护地下水和人类食物链，防治有毒化学品污染

1982 年：纪念斯德哥尔摩人类环境会议 10 周年——提高环保境识

1983 年：管理和处置有害废弃物，防治酸雨破坏和提高能源利用率

1984 年：沙漠化

1985 年：青年、人口、环境

1986 年：环境与和平

1987 年：环境与居住

1988 年：保护环境、持续发展、公众参与

1989 年：警惕全球变暖

1990 年：儿童与环境

1991 年：气候变化——需要全球合作

1992 年：只有一个地球——关心与共享

1993 年：贫穷与环境——摆脱恶性循环

1994 年：同一个地球，同一个家庭

1995 年：各国人民联合起来，创造更加美好的世界

1996 年：我们的地球、居住地、家园

1997 年：为了地球上的生命

1998 年：为了地球的生命，拯救我们的海洋

1999 年：拯救地球就是拯救未来

2000 年：环境千年，行动起来

2001 年：世间万物，生命之网

2002 年：让地球充满生机

2003 年：水——二十亿人生于它！二十亿人生命之所系！

2004 年：海洋存亡，匹夫有责

2005 年：营造绿色城市，呵护地球家园

2006 年：莫使旱地变为沙漠

2007 年：冰川消融，后果堪忧

2008 年：促进低碳经济

2009 年：地球需要你：团结起来应对气候变化

2010 年：多样的物种，唯一的地球，共同的未来

2011 年：森林：大自然为您效劳

2012 年：绿色经济：你参与了吗？

2013 年：思前、食后、厉行节约

7.2.4 世界环境保护组织

为了向全球倡导保护环境、保护地球家园，呼吁人们关注全球生态，关注人类未来发展，各种环境保护组织相继成立，以各种方式向各国政府、组织和个人宣扬保护人类环境和地球家园的重要性和紧迫性，呼吁全人类行动起来，保护地球母亲，实现人类和自然的和谐相处和可持续发展。

图 7-2 国际自然与自然资源保护同盟（IUCN）徽标

国际自然与自然资源保护同盟（IUCN），成立于 1948 年 10 月，是目前世界上最大的、最重要的世界性保护联盟，政府及非政府机构都能参与合作。致力于寻找解决当前环境与发展问题的实用解决方式，保护自然的完整性与多样性，并确保在使用自然资源上的公平性及生态上的可持续发展。联盟及下属的所有机构都致力于满足并解决各国、各群体和居民的需求，并将其作为联盟的首要行动准则，如此一来才能更好地使国家、群体和居民肩负起对未来长期性自然保护目标的责任。

世界自然保护基金会（WWF）成立于 1961 年，因其黑白两色的大熊猫标识而广为人知，是在全球享有盛誉的、最大的独立性非政府环境保护组织之一。WWF 的宗旨是：保护世界生物多样性；确保可再生自然资源的可持续利用；推动降低污染和减少浪费性消费的行动。世界自然保护基金会通过建立在科学基础上的方法、对话及合作以达其环保目标。WWF 在中国的工作始于 1980 年的大熊猫及其栖息地的保护，是第一个受中国政府邀请来华开展保护工作的国际非政府组织。

图7-3 世界自然保护基金会（WWF）徽标

全球环境基金（GEF）成立于1990年，1991年正式开始运作，是联合国发起建立的世界上最大的环保基金金融机构，基金的宗旨是以提供资金援助和转让无害技术等方式帮助发展中国家实施防止气候变化、保护生物物种、保护水资源，以取得全球环境效益，促进受援国有益于环境的可持续发展。截止到2002年6月30日，赠款总额40亿多美元，其中约39%为生物多样性领域项目，约36%为气候变化领域项目，约18%为国际水域和臭氧层损耗领域项目，其余为综合领域项目。GEF的影响力大大超出了它资助各个单独项目所获得的成果。作为一个战略性联盟，它能够汇集其执行机构的最大效力，有效地帮助发展中国家履行国际公约。它也是全球环境科学技术有关信息的主要“消费者”。通过吸取各方面教训，传播其自身经验，GEF为全球环境的良好发展做出了积极贡献。

图7-4 全球环境基金（GEF）标志

7.2.5 世界各国建立自然保护区

全世界为什么建这么多自然保护区呢？是为了发展旅游，让人们饱览大自然的原始美貌？当然不完全是。建立自然保护区主要是因为面对人口激增和经济活动迅速发展引起的环境恶化，所采取的应急性“圈地保护”措施，以便保住自然界的原始面貌。建立自然保护区的具体目的主要有两点：一是保护自然生态系统的本来面貌，也就是把具有代表性的原始地段加以保护，作为研究人类与自然关系的参照；二是保护生物的多样性，也就是尽力避免或延迟濒危野生动植物灭绝。因为只有多样性的生物，才能为人类提供种类多、数量大的食物、药品和工业原料，所以生物的多样性是人类赖以生存的物质基础，保护生物多样性就是保护人类自身的生存环境。

中国自然保护区是1956年开始建立的，20世纪70年代后期进入蓬勃发展阶段，截至2011年底，中国建立自然保护区2640个，总面积150万平方千米，约占陆地国土面积的15%。自然保护区包括森林、草原、湿地、海洋、荒漠、野生动物、野生植物、地质遗迹、古生物遗迹等9种类型。从布局上看，全国各省区都有自然保护区。数量较多的是广东、云南、内蒙古、黑龙江、四川、江西、贵州、福建等省区，这8个省区自然保护区数量占全国总数的58%。面积较大的是西藏、新疆、青海、内蒙古、甘肃、四川等省区，这6个省区的自然保护区面积占全国国土总面积的27%。

7.3 美丽中国，绿色发展

“美丽中国”重生态文明的自然之美。从“人定胜天”的万丈豪情到“必须树立尊重自然、顺应自然、保护自然的生态文明理念”，再到可感、可知、可评价的“美丽中国”，中华文化最强调天地人的和谐相处，既要山清水秀，更要强大富裕、环境优美的美丽中国。

绿色是大自然的主色调。人们向往绿色是向往大自然，人们向往绿色是期盼我们生存的环境能得到保护，人们向往绿色是希望地球上的生态平衡不再受到破坏。在日常生活中，绿色和我们的生活息息相关。绿色革命给人类带来更多的粮食；绿色食品给我们带来健康的身体；沙漠中的绿洲给生命带来希望；城市绿化给人们带来回归大自然的感觉。绿色关系到人类的生存和发展，我们希望 GDP 的快速增长，更希望绿色 GDP 的平稳发展。

7.3.1 天人合一，道法自然

中华文明在世界历史上曾经数千年长盛不衰，究其原因，中国古代的“天人合一”哲学思想和自然观起到重要的作用。中国的“天”，不同于西方的“上帝”，而是指自然界和自然界的客观规律，因此，《老子》认为：“人法地，地法天，天法道，道法自然。”《论语》说“天何言哉？四时行焉，百物生焉”，便是表明万物在天地之中，经春夏秋冬四时，正常生长，有规律地运行。《列子》认为“捕而放之”会导致“竞而捕之，死者众矣”的局面，要真正保护动物，“不若禁民勿捕”，这种思想，与我们现在对珍稀动物的保护方法是一致的。《列子》提出“天地万物与我并生，类也。类无贵贱”，认为万物之间“徒以小大智力而相制，迭相食，非相为而生之”，把保护自然与利用自然结合起来，这是一种积极的环境保护观。

中国的古代生态思想被系统、完整地继承下来，可体现中国古代城市建筑生态风格的考古发掘实物已有 8000 多年历史，直至今天仍然广泛地影响着人们的生产、生活和文化艺术。实践证明，只有遵循自然生态规律，才能实现人口、资源、环境和经济社会的协调持续发展。

7.3.2 中国第一次参加联合国人类环境会议

1972 年，联合国决定在瑞典斯德哥尔摩召开联合国人类环境会议第一届会议。在当时的国家总理周恩来指示下，中国组团 40 多人出席了这次会议。

会议结束后，代表团根据会议发的一些环境问题材料，对照中国的情况，发现中国的环境问题已经相当严重。大气污染、水质污染、固体废弃物污染以及生态破坏，都已经达到严重的程度。国务院决定立即召开一次全国性的会议，要求对于环境保护问题，不仅国家有关部门应该重视，全国各级领导都要重视。

1973 年 8 月，国务院召开第一次全国环境保护会议，审议通过了“全面规划、合理布局、综合利用、化害为利、依靠群众、大家动手、保护环境、造福人民”的环境保护工作 32 字方针和中国第一个环境保护文件——《关于保护和改善环境的若干规定》。至此，中国环境保护事业开始起步，从中央到各地区、各有关部门，都相继建立起环境保护机构，并制定各种规章制度，加强了对环境的管理。第一次全国环境保护会议所确立的一些基本方针和政策，不仅有力地推动了中国当时的环境保护事业的发展，而且对以后的环境保护事业也有指导作用。

7.3.3　中国第一部环境保护法规

1978 年 2 月，中华人民共和国第五届全国人民代表大会第一次会议通过的《中华人民共和国宪法》规定：“国家保护环境和自然资源，防治污染和其他公害。”中国政府对环境保护工作给予了高度重视，明确提出保护环境是社会主义现代化建设的重要组成部分。1979 年 9 月，五届人大十一次常委会通过新中国的第一部环境保护基本法——《中华人民共和国环境保护法（试行）》，为实现国民经济持续、快速、健康发展，将环境保护工作建立在普遍有约束力的行为规则上，使环境保护工作制度化、规范化，使国家机关、企事业单位以及公民都有明确的环境保护方面的权利和义务，这样就能做到在法律的保护和规范下，达到环境保护的近期和长远的目标。

7.3.4　中国环境保护机构的建立

1978 年 5 月 5 日，中国环境科学学会成立，这是专门从事环境保护事业的非营利全国性非政府科技社团组织。中国环境科学学会的办会宗旨是推动环境科学技术的发展，为中国环境保护和可持续发展提供科技支撑与服务，团结和依靠广大学会会员和环保科技工作者，大力开展学术交流、科学普及、技术推广、科技咨询服务、国际交流合作，以及其他各项有利于环境保护事业发展的工作和活动。

1994 年 3 月，中国第一个民间环保组织——“自然之友”成立。它标志着环境保护在中国已经不仅仅是科学家、政府的事，而且需要全民的参与。“自然之友”认为，只有极大地提高全民族的环境意识，使环境保护成为全体社会成员共同的责任和使命，在公众中树立人与自然和谐共处的新型文化观念和生活方式，社会经济可持续发展才能在中国实现，中国的环境才能得到真正有效的保护，才有可能青山常在、绿水常流。“自然之友”主要通过各种专题活动、出版物、大众传媒向社会特别是广大青少年，进行环境教育，传播绿色意识，倡导绿色文明，发展和传播具有中国特色的绿色文化，促进中国的环保事业发展。

7.3.5 中国第一个自然保护区

1956年6月30日，由秉志、钱崇澍、杨惟义、秦仁昌、陈焕镛等5位著名科学家在第一届全国人大三次会议上提出的关于“请政府在全国各省（区）划定天然林禁伐区保存自然植被以供科学研究的需要”的提案获得通过。由国务院交林业部会同中国科学院、森林工业部研究办理，将鼎湖山确定为“国家自然保护区”。

鼎湖山国家级自然保护区是中国第一个自然保护区，位于广东省肇庆市鼎湖区，最低海拔高度14.1米，最高海拔高度1000.3米。保护区内生物多样性丰富，是华南地区生物多样性最富集的地区之一，被生物学家称为“物种宝库”和“基因储存库”。

保护区地处热带北缘、亚热带南缘，温暖湿润的季风气候使这里保存并繁衍着众多的森林植被类型。群峰之间，随着海拔高度的增加，从山麓到山顶，依次分布着沟谷雨林、季风常绿阔叶林、常绿阔叶林等自然植被。鼎湖山自然保护区的植物种类非常多，在保护区内生长着2500多种高等植物，约占广东植物总数的1/4。其中，国家保护植物达22种，包括桫椤、紫荆木、土沉香等。鼎湖冬青、鼎湖钓樟等华南特有种和模式产地种更是多达30种。鼎湖山自然保护区动物种类也很丰富，有兽类38种，爬行类20种，鸟类178种，昆虫已鉴定的有1100多种，其中蝶类就有85种，就地保护的国家保护动物近20种。

鼎湖山自然风景区不仅保护动植物资源，而且还是生物学研究的重要基地。同时，鼎湖山又是一个向广大公众普及科普知识的大平台，管理局多年来积极开展科普教育工作，每年都会开展各类科普宣传活动和举办科普专题讲座。

7.3.6 绿色奥运，人文奥运，科技奥运

第二十九届奥林匹克运动会闭幕的当天，北京奥运的空气质量也以一个“优”完美收官，政府的各项措施、市民的积极配合为北京兑现“绿色奥运”的承诺画上了一个完美的句号。为了兑现绿色奥运的承诺，北京尽了最大的努力，政府用了10年，1200亿元，13个阶段，200多项措施进行治理；首钢、北焦等工业庞然大物退出了城市历史，近郊远郊甚至周边城市星罗棋布的高污染小企业也被关闭或暂停；上百万的有车族在奥运期间放弃了一半的上路时间。这些努力，普通的北京市民那几天也能切身感受到，头顶上是秋高气爽的蓝天，脚下是通畅的柏油路，满眼是绿色和鲜花。相比电视上中国队那一枚枚增加的金牌，也许这些真切实在的感觉，更能让人在今后的日子里回忆起奥运在北京的16天。现在已经不能假设，如果没有奥运会，北京的环境会何去何从。但可以肯定的是，正是有了奥运会，北京才有了彻底自洁的压力和动力，也正是有了奥运，北京才能够做出这样巨大的“舍”与“得”。

北京奥运会在场馆的建设中，广泛使用各种对环境有益的技术，比如奥运村首次全面采用太阳能提供热水和照明，在奥运会结束后在奥运村的居民将继续使用，奥运场馆的所有路灯、庭院灯、草坪灯全部使用太阳能。鸟巢被美国《时代》周刊评选为“2007年世界十大建筑奇迹之一”。鸟巢场馆使用中为了减少能源的消耗，顶棚设计既可以保证场内通风，又能为观众挡雨遮阳；地热系统已经事先埋在翠绿的草皮地下，必要的时候可以为鸟巢提供空调和暖气所需的能源；场内还安装了回水系统，有6座12 000立方米容积的大型水池来收集雨水，将这些雨水净化处理之后，还可以用来灌溉比赛场地草皮。此外，青岛奥帆中心利用海水调节温度，使用了可同时供热和供冷的海水热泵空调系统。这种空调系统和传统的电能、燃煤锅炉相比，节能率高达50%以上。

无论如何，绿色奥运算是一次足够规模的社会试验，更应该算是为北京的城市发展与百姓生活提供了另一种可能，那就是：我们要城市的快速发展，但更要城市的科学发展；我们要GDP，但更要绿色的GDP；我们在拥抱现代文明之后，也能回过头来审视自己，多拥有一些绿地，少建设几栋房子，多走一些路，少开

一天车。

图 7－5　太阳能环保公厕

2008 年世界环境日中国主题为“绿色奥运与环境友好型社会”，当建设环境友好型、资源节约型社会的理念已经成为政府工作的指导方针，当举办绿色奥运和建设生态文明、保护生态环境、倡导环保生活的中国发展长期目标相吻合，唤醒和激发的将是中国政府和中国民众对人与自然和谐相处的努力与追求。“绿色奥运”的理念不仅体现在奥运期间，还要贯彻到社会生活的方方面面，少用一个塑料袋，少开一天私家车，垃圾分类处理，室内空调夏季调高 1℃、冬季调低 1℃等良好习惯，不仅是为了响应政府的号召，更是需要被市民认同并自觉践行的环保意识。

回顾历史，从巴厘岛到哥本哈根、德班，历届气候大会上，中国带头许下并切实履行绿色发展的庄严承诺；从“十一五”首次设立约束性指标，到清理整顿钢铁等高耗能行业，从实施京津风沙源治理等系列生态工程到出台节能减排计划，从单位国内生产总值能耗下降 12.9% 到生态补偿机制稳步推进，中国正逐渐告别“黑色发展”，走上“前人种树、后人乘凉”的绿色发展之路。我们有理由相信，在“美丽中国”理念的指导下，我们一定能实现“给自然留下更多修复空间，给农业留下更多良田，给子孙后代留下天蓝、地绿、水净的美好家园”的美好愿景。

7.4 保护环境，从我做起

环境是人类生存的基本条件，是人类赖以生存的基础。当前生态环境日趋恶劣，一次又一次告诉我们幸福生活不只在于衣食享乐，也关乎碧水蓝天。保护环境和我们每个人息息相关，不仅包括防止大气、水源和土壤的污染，动植物的保护这些“大事”，也包括我们周围生活中无处不在的各种小事。“千里之行，始于足下”。保护环境，要从我们身边的小事做起。

（1）爱惜纸张。生活、学习、工作中，我们可以做到：减少节日卡使用，简化物品的包装，自制草稿本，习惯使用纸张的空白地方，信封循环再用，尽量少用纸巾，废纸要积极回收利用。

（2）节约用水。节约用水对于我们每一个公民来说，已是当务之急。生活中我们要养成节约用水的良好习惯，做到一水多用（例如洗完衣服的水可以拖地、冲便池等）、杜绝长流水（上厕所、洗手和洗澡要及时关水龙头）、水箱漏水及时修理等，做到人人都节约用水。

（3）珍惜能源。地球上储存的能源是有限的，因而我们要珍惜现有能源，积极利用可再生能源。多走路或乘坐公共交通工具，少开私家车；多用电风扇，少开空调；多用节能灯，少用白炽灯；多用太阳能热水器，少用电热水器；多用淋浴，少用浴缸；少用一次性的用品等，确保能源被合理地运用。

（4）绿化环境。大家可以在家中多种植一些花草，打造绿色小阳台、绿色小房间，并在植树节进行植树活动，使我们的生活环境得到进一步的绿化、净化与美化。

（5）废物再用。环保现今已成为一种崭新的生活方式，在平时生活中，如果稍用点心思的话，就能做到利用一些废旧材料，如小麻绳、塑料瓶、纸筒、包装纸、瓦楞纸等，学习做成小笔筒、相框、分类盒、花瓶等有用的小物品，这样既不浪费，又节约资源。

（6）减低噪声。平日我们在家里要将电视机和音响的音量调到适当的位置；在公共场所不要大声喧哗而影响别人；深夜十一点后不进行装修和唱卡拉 OK 等。学做一个绿色公民，身体力行改变不环保的生活方式。

（7）绿色消费。我们提倡的绿色生活，是指节约资源，与大自然和谐相处的生活方式。那么什么是绿色消费呢？绿色消费指的就是理智购物，可买可不买的不买；物尽其用，还能使用的物品暂不购买；选择有环保标志的绿色产品；少用一次性的物品，节约地球资源；参加无污染旅游等。

人类以聪明才智不断改造生物圈，但生物圈只能按自己的内在规律发展、变化。如果盲目开发，就会造成生态平衡失调。生态平衡的失调，意味着生态系统的破坏。当今出现的酸雨、温室效应等，就是全球性的环境问题。现在，人类已经认识到，要想在生物圈内生存、发展下去，必须保护并合理利用生物圈资源。

有人说，地球是太空中的一艘巨大的宇宙飞船，人类应该做合格的乘客；也有人说，地球是一叶扁舟，人类应该与它同舟共济……不管怎么说，地球是我们唯一的家，善待地球是我们作为一个合格公民最基本的义务。

结 语

生态环境是当今国际社会普遍关注的热点问题，也与我们的生活息息相关。人类在利用自然的过程中也造成了严重的生态破坏和环境污染。

我们居住的这个地球已经存在了45亿年，但只有20万年历史的人类，却快速掌控了这个星球并为所欲为，过度索取资源，打破了亿万年来的固有生态平衡。为了满足日益增长的食物需要，全球一半的谷物用于饲养提供肉类的牲口；为了生产纸浆，砍伐原始森林而大量种植桉树，生物的多样性被人为破坏。殊不知，生产1千克牛肉就需要消耗13 000千克的水，快速生长的桉树抽干了地下的水分！

恩格斯在《自然辩证法》中指出，我们不要过分陶醉于我们人类对自然界的胜利。对于每一次这样的胜利，自然界都对我们进行报复。人类在创造和享受现代文明的同时，也饱尝了高增长带来的苦果。目前，大河断流，资源枯竭；冰川融化，气温上升，气候反常；森林消失，物种灭绝……全球40%耕地质量下降！每年有1300万公顷的林地被毁灭！冰冠的厚度40年来减少了40%！10亿人在饱受饥饿，没有干净的饮用水！每天有5000人死于受污染的饮用水！1/4的哺乳动物、1/8的鸟类、1/3的两栖动物濒临绝种，生物品种的死亡率快于自然速度1000倍，75%的渔产品已耗尽或面临耗尽！过去15年的平均温度是有记录以来的最高！到2050年，可能导致多达2亿的气候难民！《地球生命力报告2012》称，人类对自然资源的需求自1966年以来翻了一番，人类正在使用相当于1.5个地球的资源来维持生活。过去40年地球生命力下降了28%，处于“很不健康”的状态。到2050年，人类将需要2.9个地球满足生存需求。长此以往，人类会毁灭自己唯一的家园。

让我们欣慰的是，许多国家、许多人已经在行动，走在探求人类生存与社会发展的协调之路上。1962年“绿色圣经”《寂静的春天》的出版，向世人昭示了农药的泛滥使用危害了生态环境，生机盎然的春天都寂静下来了，人类将面临没有鸟语花香的生活环境。该书的问世引发了全世界环境保护事业的兴起，唤起了人们的环境意识。截至目前，联合国召开了三次具有划时代意义的环境保护方面的会议，称为世界环境保护发展史上的三座里程碑。第一座里程碑是1972年在瑞典斯德哥尔摩召开的联合国成立以来首次大规模的人类环境会议，通过了著名的《人类环境宣言》，共同讨论了人类面临的环境问题，探讨了保护全球的环境战略，呼吁各国政府和全世界人民，为保护和改善人类环境，造福全体人民、造福后代而共同努力。第二座里程碑是1992年在巴西里约热内卢召开的联合国环境与发展大会，通过了《里约环境与发展宣言》和《21世纪议程》两个纲领性文件以及《关于森林问题的原则声明》，签署了《气候变化框架公约》和《生物多样性公约》，这是联合国成立以来规模最大、级别最高、与会人数最多、筹备时间最长、影响最深远的一次国际会议，是人类环境与发展史上的一次盛会。第三座里程碑是2008年在南非约翰内斯堡举行的可持续发展世界首脑会议，通过了《执行计划》和《政治宣言》，主要探讨全球环境与可持续发展问题，强调全方位采取具体行动和措施，包括执行“共同而有区别的责任”的原则在内，实现世界的可持续发展。

随着环境问题的不断出现，中国越来越重视环境保护。回顾历史，从巴厘岛到哥本哈根、德班，历届气候大会上，中国带头许下并切实履行绿色发展的庄严承诺；从“十一五”首次设立约束性指标，到党的十八大提出建设生态文明，是关系人民福祉、关乎民族未来的长远大计。从清理整顿钢铁等高耗能行业，从实施京津风沙源治理等系列生态工程到出台节能减排计划，从单位国内生产总值能耗下降12.9%到生态补偿机制稳步推进，中国正逐渐告别“黑色发展”，走上“前人种树，后人乘凉”的绿色发展之路。我们有理由相信，在“美丽中国”理念的指导下，我们一定能实现“给自然留下更多修复空间，给农业留下更多良田，给子孙后代留下天蓝、地绿、水净的美好家园”的美好愿景。

保护生态环境不仅是政府和国家的事情，也和我们每个人息息相关。每一个人都要从我们身边的小事做起，从节约一度电、一滴水做起，让环保、低碳成为生活习惯、生活常态。

如果可以，请一水多用、杜绝长流水、不往河流扔垃圾、水箱漏水及时修理……节约用水！

如果可以，请减少节日贺卡使用、简化物品的包装、自制草稿本、习惯使用纸张的空白地方、信封循环再用、尽量少用纸巾、废纸回收……节约用纸！

如果可以，请将电视机和音响的音量调到适当的位置、公共场所不大声喧哗、深夜不进行装修和唱卡拉 OK……杜绝噪声污染！

如果可以，请在家开展绿色小阳台、绿色小房间等活动，在植树节参加植树活动……增加生命之绿！

如果可以，请理智购物、环保购物、带个环保袋、少用一次性的物品……绿色消费！

如果可以，请多走路或乘坐公共交通工具，少开私家车；多用电风扇，少开空调；多用节能灯，少用白炽灯；多用太阳能热水器，少用电热水器；多用淋浴，少用浴缸……珍惜能源！

如果可以，请利用一些废旧材料，如小麻绳、塑料瓶、纸筒、包装纸、瓦楞纸等，学习做成小笔筒、相框、分类盒、花瓶等有用的小物品……废物再用，节约资源！

做一个绿色公民，身体力行改变不环保的生活方式……

参考文献

[1]崔峰涛.低碳有你:有你,有我,地球更精彩[M].天津:天津人民出版社,2012.

[2]徐帮学.低碳生活:为了我们的地球家园[M].天津:天津人民出版社,2012.

[3]山崎庆太.垃圾堆里来寻宝[M].陈及辛,译.吉林:吉林文史出版社,2012.

[4]山崎庆太.食物:毒药还是良药[M].于畅,译.吉林:吉林文史出版社,2012.

[5]山崎庆太.电磁辐射大揭秘[M].陈及辛,译.吉林:吉林文史出版社,2012.

[6]布拉姆韦尔.守护地球[M].文星,译.北京:科学普及出版社,2010.

[7]西尔弗.一个地球 共同的未来:我们正在改变全球环境[M].徐庆华,译.北京:中国环境科学出版社,1992.

[8]郭启祥.和谐的家园[M].南昌:百花洲文艺出版社,2012.

[9]王德胜.中国少年儿童百科全书(自然·环境)[M].杭州:浙江教育出版社,1990.

[10]陈百明,张笑恒.地理知识大观[M].北京:时事出版社,2009.

[11]吕贻峰.国土资源学[M].武汉:中国地质大学出版社,2001.

[12]杨红樱.马小跳爱科学.春卷[M].长春:吉林美术出版社,2008.

[13]徐帮学,袁飞.生命之水在哪里[M].北京:北京燕山出版社,2011.

[14]林青.21世纪十万个为什么:青少年不可不知[M].北京:北京工业大学出版社,2012.

[15]田丰,李旭明.环境史:从人与自然的关系叙述历史[M].北京:商务印书馆,2011.

[16]周生贤.2011年中国环境状况公报[R].北京:中华人民共和国环境保护部,2012.

[17]爱德华·格莱泽.城市的胜利[M].刘润泉,译.上海:上海社会科学出版

社,2012.

[18]瘦驼. 别把“放生”变“杀生”[EB/OL]. 科学松鼠会[2009 - 6 - 28]. http://songshuhui. net/archives/44117.

[19]白鸟. 海藻——力量影响大世界[J]. 中国国家地理,2012(12).

[20]Michael Le Page. Unnatural selection:How humans are driving evolution[J]. New Scientist,2011(4).

[21]施维林. 生态与环境[M]. 杭州:浙江大学出版社,2006.

[22]张凯. 人与环境[M]. 济南:山东科学技术出版社,2007.

[23]张建强. 生态与环境[M]. 北京:化学工业出版社,2009.

[24]刘树化. 环境生态学[M]. 北京:北京大学出版社,2009.

[25]联合国环境规划署. 2000 年全球环境展望[M]. 北京:中国环境科学出版社,2000.

[26]许卓,刘剑,朱光灿. 国外典型水环境综合整治案例分析与启示[J]. 环境科技,2008,21(2).

[27]郑楚光. 温室效应及其控制对策[M]. 北京:中国电力出版社,2001.

[28]郭世昌. 大气臭氧变化及其气候生态效应[M]. 北京:气象出版社,2002.

[29]Tanyb. 土壤污染的防治[EB/OL]. 中国环境修复网[2008 - 07 - 22]. http://www. hjxf. net/sci/2008/0722/article_26. html.

[30]彭少麟,周婷. 全球变化你感受到了吗?[M]. 北京:气象出版社,2009.

[31]Pope C. A 3rd, et al. Lung cancer, cardiopulmonary mortality, and long-term exposure to fine particulate air pollution[J]. JAMA,2002,287(9).

[32]佚名. 神秘的水妖湖[EB/OL]. 学生工作网[2012 - 3 - 14]. http://ce. sysu. edu. cn/xgb/kaleidoscope/science/16341. html.

[33]汪政富,陈青云. 土壤重金属的污染与危害[J]. 金属世界,1996(5).

[34]石园,周青. 中国湿地的生态问题及保护对策[J]. 中国农学通报,2006,22(6).

[35]付晓萍. 重金属污染物对人体健康的影响[J]. 辽宁城乡环境科技,2004,24(6).

[36]孙卫红.江苏长江口毗邻海域污染现状及防治计划[J].江苏环境科技,2008,21(3).

[37]Ballatore T. Lake Biwa and the World's Lakes. Rapporteurs: Williams and Ballatore. Participants:50[J]. Water Policy,2001,3(1).

[38]刘鸿志,卢雪云.中外河流水污染治理比较[J].世界环境,2001(4).

[39]姜礼燔.国外水污染研究近况简介[J].淡水渔业,1999,29(5).

[40]吕忠梅.湿地保护呼唤明确的法律概念[J].环境保护,2013,(1).

[41]黄蓉.保护地球之"肾"——全国湿地保护管理工作会议在沪召开[J].绿色中国,2013,(1).

[42]夏书章.森林面积[J].中国行政管理,2013,(1).

[43]张颖,李慧,李劭抒.中德森林保护和可持续森林经营的比较分析[J].林业经济,2013,(1).

[44]苏同生.浅谈森林破坏现状及其保护对策[J].中国新技术新产品,2013,3.

[45]张永岳.土地资源仍是重要支撑[J].中国地产市场,2013,(1).

[46]孙华,赵晶,屈庆增.基于生态环境保护的发达地区土地资源调控研究[J].中国人口·资源与环境,2010,20(3).

[47]Turner B L. Two Types of Global Environment Changes: Definition and Spatial-Scale Issues in Their Human Dimensions[J]. Global Environmental Change,1990,1(1).

[48]宋长青,冷疏影.21世纪中国地理学综合研究的主要领域[J].地理学报,2005,60(4).

[49]Kalnay E,CaiM. Impact of Urbanization and Land-use Change on Climate[J]. Nature,2003,423(6939).

[50]马向东,孙金华,胡震云.生态环境与社会经济复合系统的协同进化[J].水科学进展,2009,20(4).

[51]王成璋,张效莉,何伦志.人口、经济发展与生态环境协调性测度研究综述[J].生产力研究,2007,6.

[52]刘宁.区域水资源水环境保护治理的符点目标推定[J].水科学进展,2006,

17(6).

[53]冯尚友.水资源持续利用与管理导论[M].北京:科学出版社,2000.

[54]丛方杰,周惠成.区域水资源复合系统可持续发展机制研究[J].水科学进展,2008,19(4).

[55]李昌浩,朱晓东,李杨帆,等.快速城市化地区农村集中住宅区和生态人居环境建设研究[J].重庆建筑大学学报,2007,29(5).

[56]刘黎明.乡村景观规划的发展历史及其在我国的发展前景[J].农村生态环境,2001,17(1).

[57]徐丰,彭文英.快速城市化地区人口与资源环境协调发展研究[J].经济研究导刊,2013,(1).

[58]沈满洪.论美丽中国建设[J].观察与思考,2013,(1).

后 记

考虑到生态环境是围绕着人类的一切外界条件的总和，本卷不仅展现了生态环境之美与之惑，而且体现了生态环境问题之源与之恶，不仅描述了生态环境与问题，还展示了人类为之所做的努力与成效。每一章通过现象展示、挖掘问题、提出解决方案的思路来构建，力图通过简短的篇幅，展示生态环境的全貌。但是，生态环境包含内容太多，仅以一己视角，难窥全貌，不尽之处在所难免。

本卷的具体分工是：第一章由熊广成执笔，第二章由马勇光执笔，第三章由陈涛、路婕执笔，第四章由李俊峰、赵荣钦执笔，第五章由李昕、李青松、刘英执笔，第六章由付晓、张晋科、桑玉强执笔，第七章由李小利、樊雷执笔，其他参与人员还有王杨、康凯、郭子龙、宋文博、张宏磊、吴晶晶、张扬扬等，最后由孟庆香统编、修改与核稿。

彩插 1－1　生态之美——坝上草原

彩插 1－2　生态之美——花

彩插 1 – 3　生态之美——马

彩插 1 – 4　生态之美——树

彩插 3 - 1　新疆塞里木湖

彩插 3 - 2　信阳南湾湖

彩插 3－3　巢湖暴发蓝藻

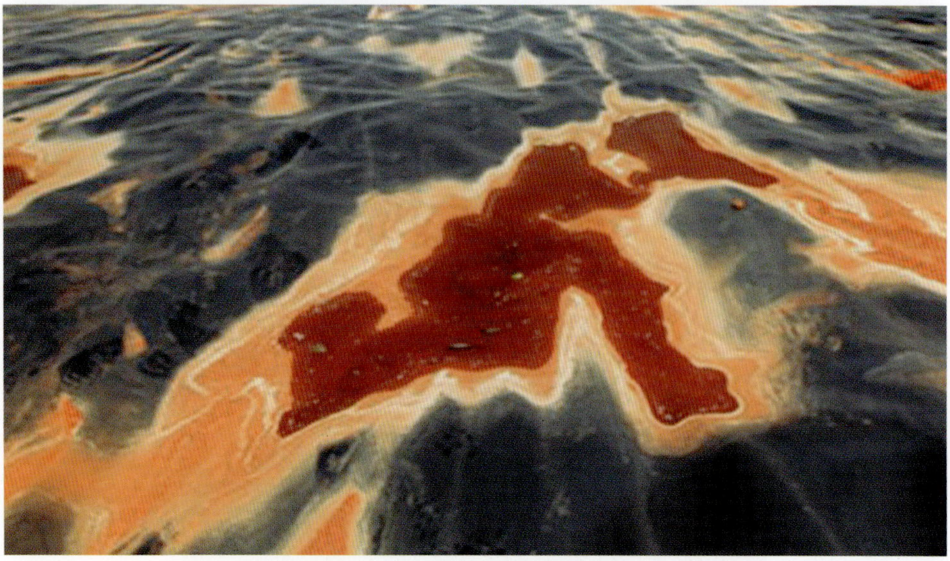

彩插 3－4　被重金属污染的河流

彩插 5－1　悠闲的白鹭

彩插 5－2　羚羊

彩插 5－3　数目锐减的非洲象

彩插 5－4　濒危的火烈鸟

彩插 6－1　高楼林立的城市

彩插 6－2　霓虹闪烁的城市夜景

彩插 6－3　中国最美的乡村——婺源

彩插 6－4　生态城市——宜春